广视角·全方位·多品种

U0257707

农业应对气候变化蓝皮书

BLUE BOOK OF
AGRICULTURE FOR ADDRESSING
CLIMATE CHANGE

气候变化对中国农业影响 评估报告（No.1）

ASSESSMENT REPORT OF CLIMATIC CHANGE IMPACTS
ON AGRICULTURE IN CHINA (No.1)

主　编／矫梅燕
副主编／周广胜　陈振林

社会科学文献出版社
SOCIAL SCIENCES ACADEMIC PRESS (CHINA)

图书在版编目（CIP）数据

气候变化对中国农业影响评估报告 . 1 / 矫梅燕主编 . —北京：
社会科学文献出版社，2014.8
（农业应对气候变化蓝皮书）
ISBN 978-7-5097-6216-5

Ⅰ.①气… Ⅱ.①矫… Ⅲ.①气候变化－影响－农业－研究
报告－中国 Ⅳ.①S

中国版本图书馆 CIP 数据核字（2014）第 142122 号

农业应对气候变化蓝皮书

气候变化对中国农业影响评估报告（No.1）

主　　编／矫梅燕
副 主 编／周广胜　陈振林

出 版 人／谢寿光
出 版 者／社会科学文献出版社
地　　址／北京市西城区北三环中路甲 29 号院 3 号楼华龙大厦
邮政编码／100029

责任部门／社会政法分社（010）59367156　　责任编辑／周　琼
电子信箱／shekebu@ssap.cn　　责任校对／李文明
项目统筹／王　绯　　责任印制／岳　阳
经　　销／社会科学文献出版社市场营销中心（010）59367081　59367089
读者服务／读者服务中心（010）59367028

印　　装／北京盛通印刷股份有限公司
开　　本／787mm×1092mm　1/16　　印　张／12
版　　次／2014 年 8 月第 1 版　　字　数／178 千字
印　　次／2014 年 8 月第 1 次印刷
书　　号／ISBN 978-7-5097-6216-5
定　　价／98.00 元

编委会名单

主　编　矫梅燕
副主编　周广胜　陈振林
编　委（按拼音排序）
　　　　陈　超　　陈振林　　房世波　　郭建平　　霍治国
　　　　矫梅燕　　居　辉　　李朝生　　毛留喜　　潘亚茹
　　　　申双和　　宋艳玲　　唐华俊　　杨晓光　　周　莉
　　　　周广胜

主要编撰者简介

矫梅燕 女，1962 年出生，理学硕士、正研级高级工程师，硕士生导师。现任中国气象局副局长，兼任国家防汛抗旱总指挥部副秘书长、THORPEX 科学计划中国委员会副主席等职务，是气候变化对中国农业影响评估报告的总设计者。

周广胜 男，1965 年出生，理学博士、研究员，博士生导师。现任中国气象科学研究院副院长，主要从事全球变化对陆地生态系统影响研究。发表论文 300 余篇，其中 SCI 论文 90 余篇。获国家科技进步二等奖和中国科学院自然科学二等奖各 1 项。

陈振林 男，1968 年出生，理学博士，现任中国气象局应急减灾与公共服务司司长，中国气象局新闻发言人。先后从事气候变化、国际气象合作、公共气象服务、气象为农服务以及气象灾害防御管理工作。

专题报告作者简介

陈 超 博士，中国气象科学研究院博士后，主要从事气候变化对农业的影响评价、生物气候模型与信息系统、气候资源与农业减灾研究。

陈振林 博士，中国气象局应急减灾与公共服务司司长，中国气象局新闻发言人。先后从事气候变化、国际气象合作、公共气象服务、气象为农服务以及气象灾害防御管理工作。

房世波 博士，中国气象科学研究院研究员。主要从事农业气象灾害影响评价、气候变化对农业影响与农业适应性研究。

郭建平 博士，中国气象科学研究院生态环境与农业气象研究所所长、研究员。主要从事农业气象灾害监测预警和农业应对气候变化研究，特别是针对东北低温冷害和玉米生产与气候变化关系有较系统的研究。

霍治国 学士，中国气象科学研究院研究员。主要从事农业气象灾害、农业病虫气象等研究，是农业部防灾减灾专家指导组成员。

矫梅燕 硕士，正研级高级工程师。现任中国气象局副局长，全国农业气象标准化技术委员会主任委员。

居　辉　博士，中国农业科学院农业环境与可持续发展研究所研究员。主要从事气候变化对农业影响及其适应技术研究。

李朝生　博士，中国气象局应急减灾与公共服务司农业气象处副处长，高级工程师。主要从事农业与生态气象业务服务和管理工作。

毛留喜　博士，国家气象中心农业气象中心主任、正研级高级工程师。主要从事农业气象业务工作，研究方向包括农业气候区划、农业气象指标体系和生态气象监测评价。

潘亚茹　学士，中国气象局应急减灾与公共服务司高级工程师。主要从事农业气象业务服务和管理工作。

申双和　博士，南京信息工程大学校长助理、滨江学院院长，教授。主要研究方向为应用气象和农业气象，是中国气象学会农业气象与生态气象学委员会主任委员。

宋艳玲　博士，国家气候中心正研级高级工程师。主要从事气候变化对中国农业影响研究工作。

唐华俊　博士，中国农业科学院党组副书记、副院长、研究员，比利时皇家科学院通讯院士。主要从事全球变化与中国粮食安全问题研究，是全球变化研究国家重大科学研究计划（973计划）项目首席科学家。

杨晓光　博士，中国农业大学资源与环境学院农业气象系教授。主要从事气候变化对种植制度和作物体系影响与适应以及农业防灾减灾科研与教学工作。

周　莉　博士，中国气象科学研究院副研究员。主要从事生态与农业对气候变化的响应与适应、农业气象灾害监测与风险评估、陆地生态系统—大气相互作用研究。

周广胜　博士，中国气象科学研究院副院长，研究员。主要从事全球变化对陆地生态系统影响研究，是全球变化研究国家重大科学研究计划（973计划）项目首席科学家、国家杰出青年科学基金获得者。

摘　要

本书采用"要素—过程—结果—评估"的逻辑思路，从全国、主要农区及主要粮食作物（水稻、玉米、小麦）三个层次，分析了中国农业气候资源变化、农业气象灾害变化、农业病虫害变化、农业种植制度变化及其对粮食生产的影响，并从主要粮食作物的种植面积、复种指数、品种布局和生产管理方式等方面探讨了中国农业适应气候变化的对策措施。

1. 全国农业气候资源变化

1961~2010 年，全国年均气温、年均最高气温和年均最低气温均呈波动式上升趋势，北部较南部升温显著，最低气温较最高气温增加显著；冬季升温幅度较夏季显著。年降水量呈弱上升趋势，特别是夏季和冬季；秋季降水量显著减少。热量资源总体改善，全国 ≥ 10℃积温普遍增加，潜在适宜种植区北移明显，其中玉米潜在种植区扩大最为明显。日均气温 ≥ 0℃和 ≥ 10℃的初日均提前、终日均推迟、持续天数延长。全国日照时数总体呈减少趋势。

2. 粮食作物种植区农业气候资源变化

小麦、玉米和水稻生育期内的平均气温、平均最高气温、平均最低气温和积温总体均呈升高趋势；降水量的空间变异较大；日照时数总体呈减少趋势。麦区除西北区气候呈暖湿化外，主要冬麦区气候均呈暖干化；玉米产区除西北产区气候呈暖湿化外，主要产区气候均呈暖干化；单季稻产区在东北和西南产区气候呈暖干化，其他产区气候均呈暖湿化；双季稻产区气候均呈增暖趋势，降水量变化存在较大的空间差异。

3. 农业气候资源变化对粮食产量的影响

1961~2010 年，作物生育期内平均气温升高使全国冬小麦、玉米、单季稻和双季稻的平均单产分别减少 5.8%、3.4%，增加 11.0% 和减少 1.9%；平均降水量变化使全国冬小麦和单季稻的平均单产分别增加 1.6% 和 6.2%，而对玉米和双季稻的平均单产影响不明显。

4. 农业气象灾害变化及其对粮食生产影响

1961~2010 年，全国农作物主要生长季（4~9 月）的气象干旱日数均呈弱减少趋势，但空间分布极为不均，农作物主要生长季的干旱呈加重趋势，全国干旱灾害呈面积增大和频率加快的发展趋势，特别是华北麦区冬春气象干旱风险显著增加。全国洪涝与高温热害总体呈面积增大和危害加重的发展趋势。东北低温在 6 月和 8 月呈显著减少趋势，但 7 月呈弱增加趋势。全国平均初霜日推迟、终霜日提早，无霜期呈延长趋势。

5. 全国主要农作物病虫害变化

1961~2010 年，气候变化导致全国农业病虫害、病害和虫害发生面积扩大，危害程度加剧；全国农业病虫害、病害和虫害的发生面积从 1961 年到 2010 年分别增加 5.38 倍、7.27 倍和 4.72 倍，特别是全国农业病害的增加速度远高于虫害。1961~2010 年，全国小麦、玉米和水稻的病虫害发生面积分别增加 2.51 倍、9.78 倍和 8.66 倍；病害发生面积分别增加 2.64 倍、32.83 倍和 17.22 倍；虫害发生面积分别增加 2.40 倍、7.35 倍和 7.10 倍。

6. 农业病虫害变化对粮食产量的影响

1961~2010 年，全国小麦、玉米与水稻的平均单产分别为 178.39 公斤 / 亩、237.78 公斤 / 亩和 321.85 公斤 / 亩，从 1961 年到 2010 年分别增加 7.52 倍、3.79 倍和 2.21 倍。防治后，病虫害导致的全国小麦、玉米和水稻的单产实际损失从 1961 年到 2010 年分别增加 8.24 倍、6.35 倍和 5.02 倍，远大于作物单产的增加速率，其中病害的影响远大于虫害。不防治病虫草害，小麦、玉米、水稻 3 种作物的单产损失率最大值平均为 75.87%。

除单季稻外，气候变暖与病虫害均导致全国冬小麦、玉米和双季稻的单产减少，且病虫害的影响高于气候变暖导致的单产减少。同时，气候变暖与病虫害的共同作用导致的全国冬小麦、玉米和双季稻的单产减少达 4.0%~6.6%，严重威胁中国的粮食安全与粮食自给率。

7. 种植制度变化及其对粮食生产的影响

与 1950s~1980 年相比，1981~2007 年中国一年两熟制、一年三熟制的作物种植北界（通过气候数据计算，不是实际种植北界）均有不同程度北移。不考虑品种、社会经济等变化条件，一年一熟变成一年两熟的粮食单产可增加 54%~106%；由一年两熟变成一年三熟的粮食单产可增加 45%~58%。1961~2010 年，中国小麦和水稻的种植面积均呈减少趋势，分别为 –0.57 万 hm^2/10a 和 –3.02 万 hm^2/10a，而玉米种植面积则呈显著的增加趋势，达 20.83 万 hm^2/10a。

8. 粮食作物适应气候变化的对策措施

围绕气候变化背景下中国粮食稳定增产与粮食安全这一重大国家需求，基于气候变化对中国农业气候资源、农业气象灾害、作物病虫害和作物种植制度等的影响分析，针对中国小麦、玉米和水稻等主要粮食作物及不同粮食主产区，本书提出了中国粮食作物适应气候变化的具体对策措施。主要包括：

（1）选育高产优质抗逆性强的作物品种，科学应对气候暖干化与病虫害影响；

（2）采用小麦节水栽培模式，科学应对麦区冬春连旱；

（3）调整作物复种指数，提高耕地资源利用效率；

（4）调整作物种植面积与品种布局，充分利用农业气候资源优势；

（5）针对气候变化的区域分异，科学调整主要农区生产管理方式。

Abstract

Based on the method "element-process-result-evaluation", this book analyzes the changes of agroclimatic resources, agrometeorological disasters, agricultural pests and diseases, and crop cultivation system in China, and their effects on grain production from three levels: national, main grain producing area and main grain crops (paddy rice, maize, wheat). Moreover, the agricultural countermeasures to adapt to climate change are discussed in terms of the cultivation areas, multiple crop index, variety distribution, production and management method of the main grain crops.

1. Change of national agroclimatic resources

From 1961 to 2010, annual average temperature, annual maximum and minimum average temperature increased in a flutual way. The temperature increased more obviously in the north than in the south of China, and the minimum temperature increased more obviously than the maximum temperature. Temperature rose more obviously in winter than in summer. Annual precipitation increased slightly, especially in summer and winter, but it decreased obviously in autumn. Generally, the thermal resources improved, the accumulated temperature with more than 10℃ increased, and the boundary of potential grain cultivation area moved northwards obviously. Among them, the potential maize cultivation area expanded distinctly. The start days for daily average temperature with more than 0 ℃ and 10 ℃ came in advance, and the end days were delayed. As a result, the duration between the start day and the end day was prolonged. The sunshine hours decreased in China.

2. Agroclimatic resources change in main grain crop cultivation areas

Annual average temperature, annual maximum and minimum average temperature showed increasing trends during the growing seasons of wheat, maize and paddy rice. The spatial variability of precipitation was larger. The sunshine hours decreased generally. The most parts of winter wheat and maize cultivation areas showed warming and drying climate, except the northwest wheat and maize cultivation area with warming and wetting climate. The northeast and southwest parts of single cropping paddy rice producing area showed warming and drying climate, and the others were warming and wetting climate. The double cropping paddy rice producing areas were warming climate, and the precipitation showed greatly spatial difference.

3. Effects of agroclimatic resources change on grain yield

From 1961 to 2010, grain yield per unit area in China decreased about 5.8% for winter wheat, 3.4% for maize, 1.9% for double cropping paddy rice, and increased 11.0% for single cropping paddy rice due to the rising temperature during the growing season. The change of average precipitation resulted in the increase about 1.6% for winter wheat and 6.2% for single cropping paddy rice, but its effects on the grain yield per unit area of maize and double cropping paddy rice were not obvious.

4. Effects of agrometeorological disaster change on grain production

From 1961 to 2010, the meteorological drought days of the growing season (from April to September) for main grain crops decreased slightly. However their spatial distributions were extremely uneven. The drought during the growing season showed serious trend, and the area and frequency of drought disaster showed developing trends, especially in the northern China. The areas of flood disaster and high temperature disaster generally increased. The low temperature disaster in the northeast China in June and August decreased obviously, but it increased slightly in July. The first frost date was postponed, and the last frost date came in advance. As a result, the frost-free period showed an increasing trend.

5. Changes of agricultural pests and diseases

The climatic change during 1961 to 2010 was conducive to expansion of agricultural pests and diseases. Compared with the year of 1961, the occurrence areas of agricultural pests and diseases, diseases as well as pests increased by 5.38 times, 7.27 times and 4.72 times in the year of 2010. The agricultural diseases area increased much faster than those of pests. The occurrence areas of agricultural pests and diseases, diseases as well as pests from 1961 to 2010 increased by 2.51 times, 9.78 times and 8.66 times for wheat, maize and paddy rice, respectively. Among them, the occurrence area of agricultural diseases increased by 2.64 times, 32.83 times and 17.22 times for wheat, maize and paddy rice, respectively. Meantime, the occurrence area of agricultural pests increased by 2.40 times, 7.35 times and 7.10 times for wheat, maize and paddy rice, respectively.

6. Effects of agricultural pest and disease disaster change on grain production

From 1961 to 2010, the grain production per unit area in China was 178.39kg/mu, 237.78kg/mu, and 321.85 kg/Mu for wheat, maize and paddy rice respectively, it increased from 1961 to 2010 by 7.52 times, 3.79 times and 2.21 times. Under the prevention and control of agricultural pests and diseases, the actual loss of grain production per unit area in China from 1961 to 2010 resulted from agricultural pests and diseases increased by 8.24 times, 6.35 times and 5.02 times for wheat, maize and paddy rice respectively. The actual loss rate of grain production per unit area was more than its increasing rate. Among them, the effect of agricultural diseases was much larger than that of agricultural pests. Without the prevention and control of agricultural pests and diseases, the maximum average loss rate of grain production per unit area reached 75.87% for wheat, maize and paddy rice respectively.

Both climate warming and agricultural pests and diseases resultd in the decrease in grain yield per unit area for winter wheat, maize and double cropping paddy rice except single cropping paddy rice, moreover, the effects of agricultural pests and diseases on grain yield were much greater than those of climatic change. The grain yield per unit area decreased about 4.0% to 6.6% for winter wheat, maize and double cropping paddy rice respectively, due to the interactive effects of climate warming and agricultural pests and diseases. These negative effects on grain yield will seriously threat the grain security and the food self-sufficiency rate of China.

7. Effects of crop cultivation system change on grain production

Compared with the duration of 1950s to 1980, the cultivation boundaries of two crops a year and three crops a year (based on the climatic data, rather than actual cultivation boundary) moved northward in varying degrees during 1981 to 2007. Without considering the changes of crop varieties and social economic conditions, the grain yield per unit area could increase by 54% to 106% due to the change of one crop a year to two crops a year and 45% to 58% due to the change of two crops a year into three crops a year. The actual cultivation area during 1961 to 2010 decreased about 5700 $hm^2/10a$ and 30200 $hm^2/10a$ for wheat and paddy rice respectively, while increased obviously about 208300 $hm^2/10a$ for maize.

8. Countermeasures of grain crop adaptation to climate change

Considering the crop stable and increasing production as well as grain security, the countermeasures of grain crop adaptation to climate change for main grain crops (wheat, maize and paddy rice) and main grain crop producing areas are suggested, in terms of the effects of the changes of agroclimatic resources, agrometeorological disasters, agricultural pests and diseases, and crop cultivation system on grain crop production in China. The main measures include:

(1) Breeding grain crop with high yield and good quality of strong resistance, coping with the negative effects of warming-drying climate and

agricultural pests and diseases scientifically;

（2）Using of water-saving cultivation pattern, in order to cope with the winter and spring continuous drought in winter wheat cultivation area scientifically;

（3）Adjustment of the multiple cropping index, in order to improve the utilization efficiency of cultivated land resources;

（4）Adjustment of crop cultivation area and variety distribution, in order to make full use of the advantages of agricultural climate resources;

（5）Adjustment of production and management patterns in main grain producing area, according to regional difference of climate change.

目 录

B I 总报告

B II 专题报告

皮书数据库阅读 使用指南

CONTENTS

B I   General Report

B II   Special Topic Reports

总 报 告

General Report

B.1

气候变化对中国农业生产的影响
和适应措施

摘　要：

1961 年以来，气候变化使中国热量资源明显改善，但华北和
西南地区降水资源明显减少，干旱、洪涝与高温热害总体呈
面积增大和危害加重的发展趋势，农业病虫害危害加重。气
候变暖与病虫害加剧综合导致全国冬小麦、玉米和双季稻的
单产减少达 4.0%~6.6%，严重威胁国家粮食安全。气候变化对
中国农业生产的不利影响已经逐渐显现。

关键词：

气候变化　农业气候资源　农业气象灾害　农业病虫害　农业
种植制度　粮食生产

一 气候变化对中国农业生产不利影响已经逐渐显现

（一）华北和西南地区降水资源明显减少，严重威胁农业生产

1961 年以来，全国热量资源总体改善，80% 保证率下日均气温稳定通过 0℃和 10℃的积温明显增加；日均气温 ≥ 0℃和 ≥ 10℃的初日提前、终日推迟、持续天数延长，小麦、玉米和水稻生育期内的平均气温、平均最高气温、平均最低气温和积温总体均呈升高趋势。降水量的空间变异较大，值得关注的是华北和西南地区降水资源明显减少，已经严重威胁农业生产。日照时数总体呈减少趋势，西北麦区和玉米产区的气候呈暖湿化趋势，其他主要冬麦区和玉米产区气候均呈暖干化；东北和西南单季稻产区气候呈暖干化，其他单季稻产区气候均呈暖湿化；双季稻产区气候均呈增暖趋势。

1961 年以来，作物生育期内平均气温升高使全国冬小麦、玉米、单季稻和双季稻的平均单产分别减少 5.8%、3.4%，增加 11.0% 和减少 1.9%，平均降水量变化使全国冬小麦和单季稻的平均单产分别增加 1.6% 和 6.2%，而对玉米和双季稻的平均单产影响不明显。

（二）农业气象灾害呈加重趋势，对农业生产不利

1961 年以来，全国年气象干旱日数呈弱减少趋势，但空间分布极为不均，农作物主要生长季的干旱呈加重趋势，全国干旱灾害呈面积增大和频率加快的发展趋势。特别是华北麦区冬春气象干旱风险显著增加，西南地区的干旱已经严重影响农业生产。全国洪涝与高温热害总体呈面积增大和危害加重的发展趋势。东北低温在 6 月和 8 月呈显著减少趋势，但 7 月呈弱增加趋势。全国平均初霜日推迟、终霜日提早，无霜期呈延长趋势。

二 受气候变暖影响，中国农业病虫害加重，防控难度加大

1961 年以来，气候变化总体有利于农业病虫害、病害和虫害发生面积

扩大，危害程度加剧；全国农作物病虫害、病害和虫害的发生面积从 1961 年到 2010 年分别增加 5.38 倍、7.27 倍和 5.8 倍，特别是病害的增加速度远高于虫害。1961~2010 年，全国小麦、玉米和水稻的病虫害发生面积分别增加 2.51 倍、9.78 倍和 8.66 倍；病害发生面积分别增加 2.64 倍、32.83 倍和 17.22 倍；虫害发生面积分别增加了 2.40 倍、7.35 倍和 7.10 倍，主要粮食作物病害的增加速度均显著高于虫害。

除单季稻外，气候变暖和病虫害加剧均导致全国冬小麦、玉米和双季稻的单产减少，且病虫害加剧导致的单产减少大于气候变暖。气候变暖与病虫害加剧综合导致的全国冬小麦、玉米和双季稻的单产减少达 4.0%~6.6%，严重威胁国家粮食安全与粮食自给率。

三　农业适应气候变化的生产建议

虽然气候变化已经对中国农业生产造成了不利影响，但仍可通过采取有效措施缓解这种不利影响，甚至将不利影响转变为有效的资源充分利用。目前，针对观测到的和预估的气候变化正在采取一些适应措施，但还十分有限，因此，必须从国家长期发展的战略高度上重视和加强中国农业适应气候变化工作。

（一）调整作物播种期，充分利用气候资源、合理避减灾害危害

适应气候变暖，北方农区应适度推迟秋播、提前春播。华北冬小麦秋播可普遍推迟 7 天以上，并选择具有更长生育期的玉米品种与之配套；东北平原配合地膜覆盖，玉米春播可提前到日平均气温稳定通过 7℃开始。长江中下游早稻播期适当提前、中稻选用相对晚熟品种，可避减水稻伏旱、高温热害的危害；河套春小麦播期提前到日平均气温稳定通过 -2℃，可避减潮塌危害。

（二）选育高产优质抗逆性强的作物品种，科学应对气候变暖与病虫害加剧的影响

选育高产优质抗逆性强的优良品种是科学应对气候变暖与病虫害加

剧最根本的适应性对策之一。研究表明，良种在农业增产中所起的作用达20%~30%，高的可达50%。应针对区域气候变暖与病虫害加剧的差异性以及病虫害种类的消长变化，合理设计与调整育种的主抗与兼抗目标。气候暖干化地区应培育耐旱耐热品种，暖湿化地区应培育耐湿耐热品种。黄淮海地区小麦育种可适度降低对冬性要求，但必须保持或增强对春霜的冻抗性。

（三）推广农业节水栽培模式，科学应对农业干旱

推广节水保水农业技术是应对气候变化、缓解水资源供需矛盾和保障粮食生产的有效措施。华北冬麦区主要是适时足量浇好越冬水，冬前耙糖保墒和冬季镇压提墒；黄淮麦区旱地改撒播为机播，秋冬干旱年冬前适时适量灌溉，冬季镇压为主，个别严重缺墒且根系发育不良麦田在白天 >3℃时段少量补灌。北方旱作春玉米区，应积极推广膜下滴灌技术，一是提高苗期地温，保障出苗率和形成壮苗；二是可减少蒸发和减少灌溉用水，提高水资源利用效率，实现高产和稳产。

（四）合理调整作物复种指数和品种熟性，提高耕地资源利用效率

气候变化导致的农业热量资源增加有利于提高耕地复种指数和扩大中、晚熟品种种植面积，提高粮食总产。应针对不同区域制定有针对性的作物复种指数和品种熟性调整对策。东北平原北部可扩大早熟玉米、水稻、大豆的种植范围，辽宁南部可扩大冬小麦—水稻（玉米、大豆等）一年两熟复种范围，中部可扩大中、晚熟品种种植范围。黄淮海一年两熟区可扩大中、晚熟品种种植范围。长江中下游区的三熟制可成为稳定熟制，北部晚稻早熟、中熟品种类型改种晚稻中熟、晚熟类型，冬小麦可从目前的弱冬性类型为主改为以春性类型为主。华南地区三熟区可扩大水稻中晚熟品种的种植范围，扩大热带作物引种扩种。西南地区可在完善农业基础设施基础上，调整作物播种期，逐步提高复种指数。南疆可适度提高复种指数。

（五）调整种植区域与品种类型，主要粮食生产向气候适宜区适度集中

小麦：随着气候变暖，东北春小麦适宜种植区域应调整为黑龙江北部、内蒙古东北部等高寒地区；春小麦传统产区中南部拟改种产量更高的玉米和水稻。黄淮海冬麦区中北部对品种冬性要求降低，华北北部可由冬性极强改为强冬性或冬性，中部由强冬性改为冬性到弱冬性。南疆可改部分春小麦种植区为冬小麦种植区，北疆应培育耐寒冬小麦品种，选择积雪相对稳定的区域种植。长江中下游南部地区应压缩冬小麦种植，改种油菜；北部稳定冬小麦种植。西南冬麦区应在有灌溉条件的河谷与平坝稳定小春作物生产，旱坡地改种马铃薯等。黄土高原应在土层深厚的旱塬、缓坡梯田与河谷推广种植小麦，并推广沟植垄盖等微地形集雨技术，适当推迟播期，避免冬前生长过旺。

玉米：传统的东北玉米带可以适当向北部和东部拓展，东北平原区可适当扩大中晚熟、晚熟品种比例。西北干旱/半干旱区可适当扩大中晚熟型品种的种植范围。黄淮海平原北部玉米区可适当扩大中早熟和中熟玉米品种种植范围。

水稻：华南双季稻区应适当扩大中、晚熟品种的种植范围，但不宜过度北扩，以避免寒害损失；川南和滇南传统双季稻区可适度北扩；长江中下游稻区可进一步扩大双季稻种植面积；在双季稻不适宜区内可发展高效旱作配一季稻种植模式。华北单季稻区应压缩水稻种植面积或完全取消水稻种植；江淮稻区可适当扩大麦茬稻种植；东北单季稻区种植面积应量水而行，应大力推广工厂化育秧和节水栽培。西部除沿江河岸低地外不宜发展水稻。

（六）针对不同区域的气候变化特征，调整主要农区生产管理方式

东北地区拟针对春旱威胁，加大推广坐水播种、地膜覆盖和膜下滴灌技术，并应积极推广机械栽培和社会化服务。华北平原主要推广节水保水技术，提高水资源利用率。针对长江中下游地区和华南地区的高温伏旱，拟调

整水稻播期和移栽期使孕穗开花敏感期躲开高温伏旱影响，力争早稻在高温期前收获，中稻在高温期过后进入孕穗开花。西南地区应加强集雨集流蓄水和营造梯田等工程建设，辅之秸秆与地膜覆盖等保墒技术及种植结构调整；无灌溉但热量较充足的丘陵山区推广小麦、玉米、红薯等旱作三熟作物适应冬春干旱与高温伏旱。西北地区的西部绿洲灌溉区拟加强抵御融雪性洪水能力，有计划修建山区水库与上游水闸等控制性工程；同时，随着降水与融雪增多，适度扩大开垦，但应量水而行，节水先行。东部黄土高原旱作区应坚持小流域综合治理，陡坡退耕，提高植被覆盖率。通过旱塬园田化、缓坡建梯田和沟谷淤坝地建成高标准基本农田，同时，推广集雨补灌与耕作、覆盖等保墒技术，调整种植结构。南部黄土高原基本农田实行小麦、夏玉米、春玉米两年三熟制，北部黄土高原实行以玉米和杂交谷子为主一熟制。

专题报告

Special Topic Reports

B.2
气候变化对农业影响评估资料与方法

一 主要粮食作物种植区农业气候资源变化

　　本研究所用数据来自中国气象局气象数据共享数据网，包括1961~2010年601个地面气象台站（剔除数据缺失的站点）的逐日平均气温、最高气温、最低气温、气温日较差、降水量和日照时数资料（见图1）。作物生育期资料来自《中国农业物候图集》（张福春，1987）（见表1）。

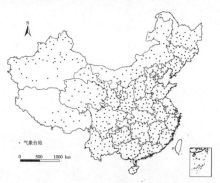

图1　研究区气象台站的分布

表1　中国小麦、玉米和水稻的生育期

省份	编号 ID	小麦（月）		玉米（月）		水稻（月）					
						早稻		晚稻		单季稻	
		播种	收获	播种	收获	播种	收获	播种	收获	播种	收获
黑龙江	1	4	7	5	9					5	9
吉林	2	4	7	5	9					5	9
辽宁	3	4	7	5	9					5	9
内蒙古	4	4	7	5	9					5	9
北京	5	10	6	5	9					4	9
河北	6	10	6	6	9					4	9
天津	7	10	6	6	9					4	9
山东	8	10	6	6	9					4	9
河南	9	10	6	6	9					4	9
山西	10	10	6	5	9					5	9
陕西	11	10	6	5	9					5	9
宁夏	12	10	6	5	9					5	9
甘肃	13	10	6	5	9					4	9
青海	14	3	7	5	9						
新疆	15	10	6	5	9					4	9
安徽	16	10	5	6	9	4	7	7	10	5	9
江苏	17	11	5	6	9	4	7	7	10	5	9
浙江	18	11	5	6	9	4	7	7	10	5	9
福建	19	11	4	3	8	3	7	7	10	5	9
上海	20	11	5	6	9					5	9
湖北	21	11	5	6	9	4	7	7	10	4	8
湖南	22	11	5	6	9	4	7	7	10	4	8
江西	23	11	5	6	9	4	7	7	10	4	9
贵州	24	11	4	6	9	4	7	7	10	4	8
四川	25	11	4	6	9	4	7	7	10	4	8
重庆	26	11	4	6	9	4	7	7	10	4	8
云南	27	11	4	6	9	4	7	7	10	4	8
西藏	28	11	4	6	9					4	8
广东	29	11	3	3	8			7	10		
广西	30	11	3	3	8	3	6	7	10	5	8
海南	31	11	3			3	6	7	10		

资料来源：张福春《中国农业物候图集》，科学出版社，1987。

二 农业气候资源变化对主要粮食作物产量的影响

（一）资料来源

气象资料来自中国气象局气象数据共享数据网，包括 1961~2010 年 601 个地面气象台站（剔除数据缺失的站点）的逐日平均气温、气温日较差和降水量资料；作物生育期资料来自《中国农业物候图集》。1961~2008 年作物的省级产量资料来自《新中国农业 60 年统计资料》[①]，并通过中华人民共和国农业部种植业管理司网站（http：//www.zzys.moa.gov.cn/）收集整理了 2009 年和 2010 年的作物产量资料，包括 1961~2010 年省级冬小麦、玉米、水稻（单季稻和双季稻）的种植面积、单产和总产资料。研究采用的统计分析方法包括气候倾向率（魏凤英，2007）、一阶差分（Nicholls，1997；Lobell et al.，2008）和多元线性回归（魏凤英，2007）等。

（二）研究方法

（1）气候变量和产量的一阶差分（年际变化）计算如下：

$$Y（k）= X（k+1）-X（k）$$

式中，$Y（k）$ 是一阶差分值，$X（k）$ 是年气候变量或产量，k 是序列。

（2）为阐明气候变量一阶差分值和产量一阶差分值之间的相关关系，建立平均气温、气温日较差、降水量与产量的多元线性回归方程如下：

$$\delta_W = a \cdot \delta_T + b \cdot \delta DTR + c \cdot \delta_R + \beta_0$$

式中，δ_W 是一阶差分处理后的产量；δ_T、δDTR 和 δ_R 分别是一阶差分处理后的平均气温、气温日较差和降水量；a、b、c 为回归系数，反映了气候变量对产量的影响程度，β_0 代表趋势项。

（3）产量和气候变量之间的多元线性方程回归系数百分率计算如下：

[①] 中华人民共和国农业部：《新中国农业 60 年统计资料》，中国农业出版社，2009。

$$\beta_{\text{percent}}=\beta/\text{Mean}_{\text{Yield}}$$

式中，β_{percent} 和 β 代表某一气候要素的回归系数百分率和绝对值，$\text{Mean}_{\text{Yield}}$ 代表 1961~2010 年平均作物产量。

（三）麦区冬春连旱变化趋势

1. 资料来源

气象资料来自中国气象局气象数据共享数据网，主要包括研究区域内 1961~2010 年 329 个地面气象台站的逐日降水量资料。

2. 研究方法

（1）线性倾向估计与 Robust F 线性显著性检验（Davies，1993）。分析 1961~2010 年各站冬春季降水、冬春季无雨日数的线性倾向与显著性，揭示冬季（12 月、1 月和 2 月）、春季（3 月、4 月和 5 月）和冬春季（12 月~次年 5 月）的降水和无雨日数的年代际变化趋势。

（2）极端干旱发生频次。根据气象干旱等级的国家标准 GB/T 20481-2006，将干旱 5 个等级中的重旱和特旱定义为极端干旱（张强等，2006），即季节降水距平百分率 ≤ −80%，计算 1961~2010 年各年冬春季极端干旱频次的线性倾向，分析极端干旱发生频次的年代际变化趋势。

（3）干旱时间动态趋势分析。在干旱趋势分析中，帕尔默干旱指数分析方法被广泛应用，因为帕尔默干旱指数是基于水分平衡原理反映土壤水分的亏缺，其中可能蒸散或潜在蒸散多采用 Thornthwaite 方法或 FAO Penman-Monteith 方法，然而 Thornthwaite 方法假设气温在 0℃以下时没有蒸散（张强等，2006；刘庚山等，2004），FAO Penman-Monteith 方法定义可能蒸散为水分适宜条件下生长旺盛的绿色草地蒸散量，适合作物或草地生长旺期的蒸散计算。冬春季节，由于气温很低且作物处于休眠状态，显然不适合采用这两种蒸散计算方法。所以，现有的帕尔默干旱指数计算方法还不能用于冬春干旱，而冬春降水是反映冬春气象干旱的简单直观指标（张强等，2006）。在此，基于降水距平的滑动平均分析干旱风险剧增区降水的时间变化，揭示干旱时间动态趋势。

（四）农业病虫害变化趋势

为定量揭示气候变化导致的温度、降水、日照变化对全国农作物病虫害变化的影响，本研究采用1961~2010年全国农区气象资料、全国病虫害资料以及农作物种植面积资料等，基于全国农作物病虫害发生面积率与气象因子的相关分析，进行气候变化对病虫害变化的主要影响因子筛选。同时，基于筛选出的主要影响因子，分析气候变化对全国农作物病虫害变化的影响。

1. 资料来源

气象资料取自国家气象信息中心，从全国564个站点中剔除高山站、沙漠站、草原站，选取全国农区527个气象站点（其中农作物527个站点，小麦520个站点，玉米521个站点，水稻481个站点）（见图2），逐日气象资料包括1961~2010年的日平均气温、降水量、日照时数等；病虫害资料来自全国农业技术推广服务中心，包括1961~2010年全国农作物如小麦、玉米、水稻病虫害逐年发生面积、粮食产量损失等；农作物面积、产量资料来自中华人民共和国农业部种植业管理司网站，包括1961~2010年逐年的农作物如小麦、玉米、水稻种植面积、总产量等。

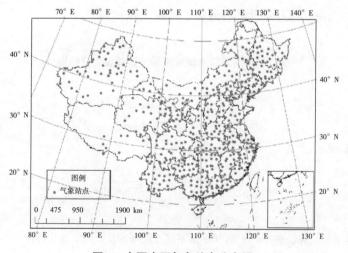

图2　全国农区气象站点分布图

2. 研究方法

统计的气象因子主要有温度、降水、日照及其因子组合，包括年、季、关键时段、不同界限温度时段等气象因子或因子组合的平均值和距平值。以全国农区527个站点为例，气象因子或因子组合（简称因子，下同）距平值的计算方法如下：将 x 因子第 i 个站点第 j 年表示为 x_{ij}（i=1，2，…，527；j=1，2，…，50），则第 j 年 x 因子的全国平均值计算如下：

$$x_j = \sum_{i=1}^{527} x_{ij} / 527$$

x 因子的50年平均值计算如下：

$$\bar{x} = \sum_{j=1}^{50} x_j / 50$$

第 j 年 x 因子的距平计算如下：

$$x_j' = x_j - \bar{x}$$

在不同等级降水对病虫害影响分析中，由于中国东西部降水差异很大，故针对不同年降水量的站点，采用陈晓燕等（2010）所划分的标准，以日降水量定义的降水强度划分标准，分别计算小雨、中雨、大雨、暴雨4个等级强度的降雨量、雨日数及其百分比（见表2）。

表2 不同年降水量对应的雨量等级划分标准

单位：mm

降水等级	按不同年降水量分为三类		
	≥ 500.0	45.0~499.9	<45.0
小雨	0.1~9.9	左边一列的标准乘以 $\sqrt{\text{年降水量}/500}$	0.1~2.9
中雨	10.0~24.9		3.0~7.4
大雨	25.0~49.9		7.5~14.9
暴雨	≥ 50.0		≥ 15.0

资料来源：陈晓燕等《近50年中国不同强度降水日数时空变化特征》，《干旱区研究》2010年第27期。

为消除农作物如小麦、玉米、水稻种植面积对病虫害发生面积的影响，将病虫害发生面积转换为病虫害发生面积率，即全国农作物病虫害发生面积率 = 当年全国农作物病虫害发生面积 / 当年全国农作物种植面积，并构建历年农作物如小麦、玉米、水稻病虫害发生面积率距平序列。同时，对全国病虫害发生面积率距平与年、季、关键时段、不同界限温度时段等气象因子或因子组合距平以及全国病虫害发生面积率距平与不同等级降水量距平及其雨日数距平的相关关系进行分析。

（五）气候变化背景下主要粮食作物种植制度变化

1. 资料来源

以全国各气象台站 1950s（所有站点建站时间为 20 世纪 50 年代，为方便表达，在此记为 1950s）建站至 1980 年为基准时段，剔除一些期间搬迁的台站，选取了截至 2007 年 40 多年的 666 个气象台站（台湾省除外）的逐日气象资料，包括逐日平均气温和降水量。

2. 指标确定

20 世纪 80 年代中期，刘巽浩和韩湘玲（1987）完成了中国种植制度区划。受当时研究技术和数据资料的限制，此项研究所有的资料是气象台站建站（1950s）以来到 1980 年的气候资料，为科学比较各时段种植界限变化特征，在此所用的指标为刘巽浩和韩湘玲（1987）提出的种植制度区划指标体系，即零级带统一按热量划分，一级区与二级区按热量、水分、地貌与作物划分。在此，重点分析与 1980 年以前相比，1981~2007 年气候变暖后所引起的零级带的改变，一级区和二级区的指标如表 3 所示，最主要的指标是 ≥ 0℃积温，辅助指标为平均极端最低气温与 20℃终止日。

冬小麦种植北界的确定采用崔读昌等（1991）提出的指标，即最冷月平均最低气温为 –15℃、极端最低气温为 –22℃ ~ –24℃。

双季稻种植北界的确定采用全国农业区划委员会（1991）提出的双季稻安全种植北界指标，即 ≥ 10℃积温满足 5300℃·d。雨养冬小麦—夏玉米稳产的种植北界是年降水量 800 mm（刘巽浩、韩湘玲，1987）。

表3 作物种植制度区划的零级带划分指标

	≥0℃积温	极端最低气温	20℃终止日	主要区域
一年一熟	<4000℃·d	<−20℃	上旬/8月	辽南
	<4100℃·d	<−20℃	中下旬/8月	华北
	<4200℃·d	<−20℃	上旬/9月	山西、陕西、甘肃
一年两熟	>4000℃·d	>−20℃	上旬/9月	黄淮、秦岭南北
	>4010℃·d	>−20℃	中旬/9月	江淮、江汉、川西平原
	>4200℃·d	>−20℃	下旬初/9月	长江流域以北地区
一年三熟	>5900℃·d	>−20℃	下旬初/9月	长江中下游以南
	>6100℃·d	>−20℃	上旬/11月	长江中下游

资料来源：刘巽浩、韩湘玲《中国的多熟种植》，北京农业大学出版社，1987。

春玉米的生物学下限温度为10℃（王璞，2004），在此将稳定通过10℃界限温度的持续日数定义为气候学的温度生长期，即某一地区一年内作物可能生长的时期（韩湘玲，1999）。关于东北三省春玉米不同熟型品种的划分采用杨镇（2007）提出的≥10℃积温指标，如表4所示。

表4 东北三省春玉米不同熟型品种的积温指标

单位：℃·d

玉米熟型	黑龙江省	吉林省	辽宁省
早熟品种	2100	2100	2100
中熟品种	2400	2500	2700
晚熟品种	2700	2700	3200

资料来源：杨镇《东北玉米》，中国农业出版社，2007。

海南岛、雷州半岛、西双版纳水田旱作两熟兼热作区主要种植作物为橡胶、剑麻及椰子等（刘巽浩、陈阜，2005），在此将≥10℃积温满足8000℃·d作为研究典型热带作物种植（以下简称热带作物）北界的积温指标（竺可桢，1958；黄秉维，1958；江爱良，1960），用于广东、广西和海南3省（区）的热带作物种植北界分析。由于云南南部地区积温有效性强，故选择≥7500℃·d作为该区域的热带作物种植北界指标（丘宝剑，1993）。

3. 计算方法

积温的计算方法：采用偏差法计算某台站某一时间段≥X℃的积温（刘巽浩、韩湘玲，1987）。首先，计算1951~2007年每年稳定通过X℃的起止日期内≥X℃的积温，然后采用经验频率法计算该台站不同时间段内（在此为2个时间段，分别为1950s~1980年、1981~2007年）在80%保证率下的积温（曲曼丽，1990）。

4. 产量差异分析

为分析种植制度界限可能发生改变区域内的粮食产量变化，选择比较熟制（由一年一熟变为一年两熟，或一年两熟变为一年三熟）或作物（春小麦变为冬小麦）发生改变后，主体种植模式中作物的单产变化。在此，使用最能代表目前气候条件的2000~2007年各省统计年鉴的统计产量平均值，使用某省的平均产量能代表该作物在该区域内的平均状况，且两种作物的产量是适应目前气候背景下的实际状况，可确保结果更有实际意义。

B.3
农业气候资源变化对粮食产量的影响

一 气候变化

（一）气温变化

1. 年际变化

1961~2010 年，全国年均气温、年均最高气温和年均最低气温均呈波动式上升趋势，且最低气温较最高气温增加趋势更为明显。1961~2010年，全国年均气温为 10.3℃ ~12.3℃（见图 1），平均气温为 11.2℃，波动幅度为 2.0℃，呈明显增长趋势（0.275℃ /10a，P<0.001）；年均最高气温为 16.2℃ ~18.3℃，平均为 17.1℃，波动幅度为 2.1℃，呈明显增长趋势（0.216℃ /10a，P<0.001）；年均最低气温为 5.3℃ ~7.6℃，平均为 6.3℃，波动幅度为 2.4℃，呈显著的增长趋势。

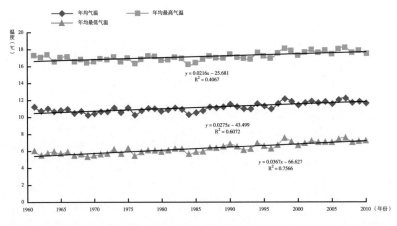

图1 1961~2010 年全国年均气温、年均最高气温和年均最低气温的年际变化

表 1　1961~2010 年全国年和季节的各温度要素变化趋势方程

季节	平均气温	最高气温	最低气温
年平均	$y=0.0275x-43.499$	$y=0.0216x-25.681$	$y=0.0367x-66.627$
春季平均	$y=0.0257x-39.266$	$y=0.0197x-21.111$	$y=0.0351x-63.143$
夏季平均	$y=0.017x-11.378$	$y=0.0122x+3.8328$	$y=0.0264x-34.615$
秋季平均	$y=0.0262x-40.155$	$y=0.0239x-29.575$	$y=0.0322x-56.857$
冬季平均	$y=0.0418x-84.53$	$y=0.0308x-56.602$	$y=0.0536x-112.82$

2. 季节变化

1961~2010 年，全国春季（3~5 月）、夏季（6~8 月）、秋季（9~11 月）和冬季（12~2 月）的年均气温、年均最高气温和年均最低气温均呈增长趋势，但增长幅度略有差异，冬季增长趋势最为明显，夏季增长幅度最小（见图 2）。

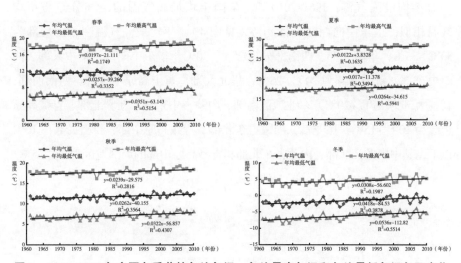

图 2　1961~2010 年全国各季节的年均气温、年均最高气温和年均最低气温年际变化

3. 空间分布

年均气温：1961~2010 年，全国年均气温为 –5℃ ~30℃，空间分布呈东南向西北降低趋势（见图 3）。除新疆的南疆盆地外，沿华北北部、山西中部、陕西中部、四川中部和云南北部一线东南部区域的年均气温在 10℃ 以上，西北部区域在 10℃ 以下。

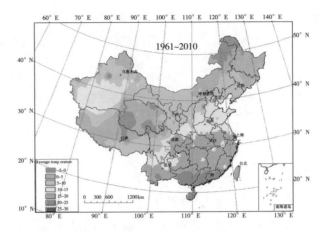

图 3　1961~2010 年全国年均气温（℃）空间分布

年均最高气温：1961~2010 年，全国年均最高气温的空间分布与年均气温相似，呈东南向西北降低趋势（见图 4）。年均最高气温在西南局部为 30℃~35℃，华南大部、西南部分为 25℃~30℃，华东中南部、华中大部、西南中东部、新疆局部为 20℃~25℃，华北大部、黄土高原中东部、西南西部、新疆大部为 15℃~20℃，东北地区南部、内蒙古中东部、新疆北部、青藏高原边缘为 10℃~15℃，黑龙江、内蒙古东北部、青藏高原中部、新疆局部在 10℃以下，其中黑龙江北部、内蒙古东北部和青藏高原中部的局部地区为 2℃~5℃。

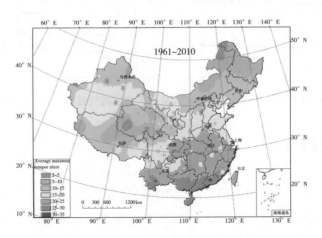

图 4　1961~2010 年全国年均最高气温（℃）空间分布

年均最低气温：1961~2010年，全国年均最低气温的空间分布也与年均气温相似，呈东南向西北降低趋势（见图5）。华南南部年均最低温度为20℃~25℃，华南大部及西南和华东的局部为15℃~20℃，华东和华中中南部、西南中东部为10℃~15℃，华中和华东的北部、华北大部、黄土高原东南部、西南西部、新疆局部为5℃~10℃，东北南部、内蒙古中东部、新疆大部为0℃~5℃，东北中北部、内蒙古中东部大部、青藏高原大部、新疆东部在0℃以下，尤其黑龙江北部、内蒙古东北部、青藏高原局部、新疆局部等地的最低气温低于–5℃。

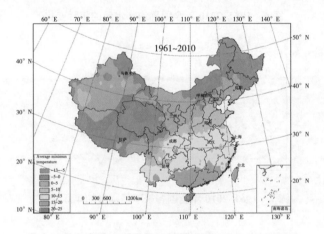

图5 1961~2010年全国年均最低气温（℃）空间分布

（二）降水量变化

1. 年际变化

1961~2010年，全国平均年降水量呈波动式变化趋势（见图6、表2）。全国平均年降水量为747.5~927.6mm，平均为814.6mm，波动幅度为180.1mm，全国平均年降水量变化趋势不显著（0.254mm/10a，P<0.001）。

2. 季节变化

1961~2010年，全国春季（3~5月）降水量基本不变，夏季（6~8月）和冬季（12~2月）的降水量均呈弱增加趋势，但增加幅度略有差异，夏季

最大，冬季最小；秋季（9~11月）则与其他季节的变化趋势相反，呈下降
趋势（见图7）。

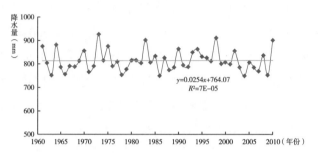

图6　1961~2010年全国平均降水量的年际变化

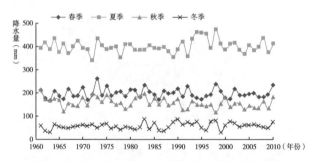

图7　1961~2010年全国各季节降水量的年际变化

表2　1961~2010年全国年与季节降水量变化趋势方程

季节	降水量拟合方程
年	$y=0.0254x+764.07$
春季	$y=-0.0007x+199.93$
夏季	$y=0.3158x-226.44$
秋季	$y=-0.5416x+1232.8$
冬季	$y=0.2521x-442.61$

3. 空间分布

1961~2010年，全国年降水量为15~2700mm，空间分布基本呈东南向
西北减少趋势（见图8）。华南南部局部年降水量可达2100mm以上，华
南和华中局部为1800~2100mm、大部为1500~1800mm，华中和华东的南

部为 1200~1500mm，华中和华中中部、华南中东部为 900~1200mm，东北南部和中部局部、华中和华东的北部、西南西部为 600~900mm，东北大部、内蒙古中东部、华北大部、黄土高原地区、西北东部及青藏高原南部为 300~600mm，西北大部、内蒙古中西部的年降水量在 300mm 以下，年降水量最少的地区仅有 15mm。

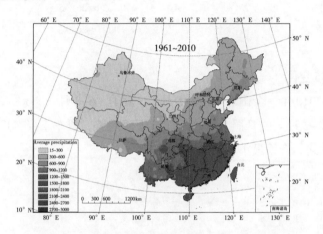

图 8　1961~2010 年全国年降水量（mm）的空间分布

（三）日照时数变化

1. 年际变化

1961~2010 年，全国年日照时数呈波动下降趋势（见图 9、表 3）。年日照时数为 2185.1~2494.9h，平均为 2303.4h，波动幅度为 309.8h，年日照时数呈明显的下降趋势（-45.014h/10a，P<0.001）。

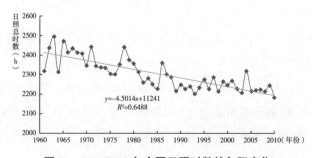

图 9　1961~2010 年全国日照时数的年际变化

表3 1961~2010年全国年与季节日照时数变化趋势方程

季节	日照时数拟合方程
年	$y=-4.5014x+11241$
春季	$y=-0.7176x+2028$
夏季	$y=-1.9373x+4508.3$
秋季	$y=-0.7339x+2018.5$
冬季	$y=-1.1127x+2686.3$

2. 季节变化

1961~2010年，全国春季（3~5月）、夏季（6~8月）、秋季（9~11月）和冬季（12~2月）的日照时数均呈明显下降趋势，夏季下降幅度最大，冬季、秋季次之，春季最小（见图10）。

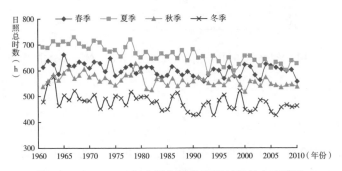

图10 1961~2010年全国各季节日照时数的年际变化

3. 空间分布

1961~2010年，全国日照总时数平均为1000~4000h，空间分布基本呈从南向北增加趋势（见图11）。西南地区中东部日照时数为1000~1500h，西南地区东北部、华南大部、华中南部为1500~2000h，华东中部、华中北部、西北南部和华南局部为2000~2500h，华东北部、华北大部、东北大部、西北南部和西部为2500~3000h，内蒙古大部、西北中东部和西南部为3000~3500h，局部可达3500h以上。

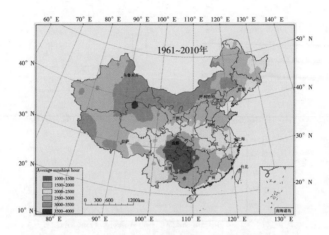

图 11　1961~2010 年全国日照时数（h）的空间分布

（四）粮食主产区的气候变化

1. 东北农业区

1961~2010 年，东北地区的年均气温、年均最高气温和年均最低气温均呈波动式上升趋势，最低气温增加趋势较最高气温更为显著，增长幅度分别为 0.343℃/10a、0.224℃/10a 和 0.489℃/10a，增温幅度均高于全国平均值；年均气温为 3.3℃~6.7℃，平均为 5.1℃，波动幅度为 3.4℃；年均最高气温为 9.5℃~12.8℃，平均为 11.3℃，波动幅度为 3.3℃；年均最低气温为 –2.4℃~1.4℃，平均为 –0.4℃，波动幅度为 3.8℃（见图 12）。年降水量和年日照总时数则呈波动式下降趋势，分别为 –4.448mm/10a 和 –41.856h/10a。年降水量为 478.2~771.4mm，平均为 599.7mm，波动幅度为 293.2mm；年日照总时数为 2330.5~2762.8h，平均为 2555.6h，波动幅度为 432.4h。

2. 黄淮海农业区

1961~2010 年，黄淮海地区的年均气温、年均最高气温和年均最低气温亦均呈波动式上升趋势（见图 13），最低气温增加趋势较最高气温更为显著，升温幅度分别为 0.254℃/10a、0.173℃/10a 和 0.376℃/10a，年均气温、年均最高气温增加幅度低于全国平均值，而年均最低气温增加趋势高于全国平

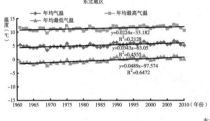

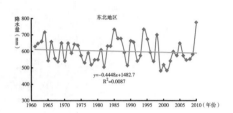

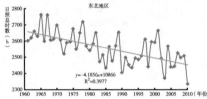

图 12　1961~2010 年东北农业区的气候变化

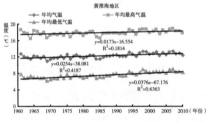

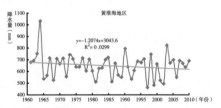

图 13　1961~2010 年黄淮海农业区的气候变化

均值。年均气温为 11.0℃ ~13.4℃，平均为 12.3℃，波动幅度为 2.4℃ ；年均最高气温为 16.5℃ ~18.9℃，平均为 17.9℃，波动幅度为 2.4℃ ；年均最低气温 6.1℃ ~9.0℃，平均为 7.5℃，波动幅度为 2.9℃。年降水量和年日照时数呈波动式下降趋势，下降幅度分别为 –12.074mm/10a 和 –91.162h/10a，下降幅度均高于东北农业区。年降水量为 457.7~1030.7mm，平均为 646.4mm，波动幅度为 573.0mm；年日照时数为 2042.5~2823.4h，平均为 2441.4h，波动幅度为 780.9h。

3. 长江中下游农业区

1961~2010 年，长江中下游地区的年均气温、年均最高气温和年均最低气温亦均呈波动式上升趋势（见图 14），且最低气温增加趋势较最高气温更为显著，增加幅度分别为 0.221℃ /10a、0.189℃ /10a 和 0.276℃ /10a，增温幅度均低于全国平均值。年均气温为 15.6℃ ~17.6℃，平均为 16.4℃，波动幅度为 2.0℃；年均最高气温为 19.9℃ ~22.2℃，平均为 21.0℃，波动幅度为 2.3℃；年均最低气温为 12.1℃ ~14.2℃，平均为 12.9℃，波动幅度为 2.1℃。年降水量呈波动式增加趋势，但年日照时数下降幅度明显，分别为 12.437mm/10a 和 –68.377h/10a。年降水量为 975.0~1595.0mm，平均为 1322.6mm，波动幅度为 620.0mm；年日照总时数为 1569.7~2176.9h，平均为 1802.7h，波动幅度为 607.2h。

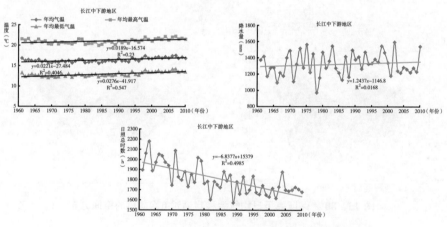

图 14　1961~2010 年长江中下游农业区的气候变化

二　农业气候资源变化

（一）80% 保证率下日均气温稳定通过 0℃和 10℃的农业气候资源

1. 日均气温 ≥ 0℃和 ≥ 10℃的初日

80% 保证率下，1961~2010 年全国日均气温 ≥ 0℃和 ≥ 10℃的初日出现日期空间分布均呈从东南向西北推迟趋势。

西南、长江中下游等绝大部分地区≥0℃初日出现较早，1月陆续开始，而华南地区气温一般不低于0℃；黄土高原东南部、黄淮海地区大部于1月下旬至3月上旬逐渐开始；东北地区东南部、长城沿线区、陕甘宁和新疆大部在3月底前稳定通过；黑龙江大部、内蒙古东北部、青藏高原5月底前通过。1961~2010年，不同年代80%保证率下日均气温稳定通过0℃初日表明，日均气温≥0℃的初日呈不同程度的提前趋势（见图15）。

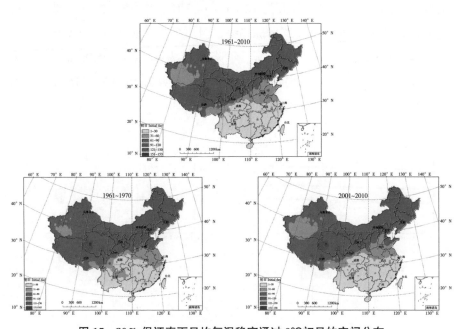

图15　80%保证率下日均气温稳定通过0℃初日的空间分布

西南南部≥10℃初日出现较早，1月陆续开始；华南大部、西南部分1月下旬至3月上旬逐渐开始；西南大部、长江中下游和华南北部3月底前稳定通过；黄土高原东部、黄淮海地区大部、东北的东南部和新疆大部于4月底前通过；东北大部、内蒙古东北部、青藏高原大部、新疆北部于5月底前通过；青藏高原局部直至6月底或7月中旬通过。1961~2010年，不同年代80%保证率下日均气温稳定通过10℃的初日表明，日均气温≥10℃的初日呈不同程度的提前趋势（见图16）。

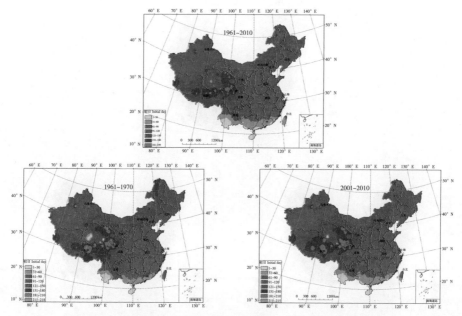

图 16　80% 保证率下日均气温稳定通过 10℃初日的空间分布

2. 日均气温 ≥ 0℃和 ≥ 10℃的终日

80% 保证率下，1961~2010 年全国日均气温 ≥ 0℃和 ≥ 10℃的终日出现日期的空间分布均与初日相反，由西北向东南逐渐推迟。

在青藏高原、内蒙古东北部、东北北部，日均气温 ≥ 0℃的终日在 9 月下旬至 10 月期间陆续结束；新疆东北部、青藏高原周边、内蒙古中东部、东北南部在 11 月上、中旬结束；新疆和甘宁大部、内蒙古西部、山西大部、东北南部一带在 11 月中、下旬结束；西南地区、华南地区、长江中下游地区和黄淮海地区大部结束得较晚，大部分在 12 月中、下旬，部分地区全年在 0℃以上。1961~2010 年，不同年代 80% 保证率下日均气温稳定通过 0℃的终日表明，日均气温 ≥ 0℃的终日呈不同程度的推迟趋势（见图 17）。

在云南南部、华南沿海、台湾南部，日均气温 ≥ 10℃的终日在 12 月中下旬结束；西南中东部、长江中下游、黄淮海平原、华北南部在 10 月下旬 ~12 月中旬期间结束；西北除青藏高原以外的大部分地区以及东北大部、内蒙古大部、黄土高原东部于 9 月上旬到 10 月期间结束；青藏高原、东北局

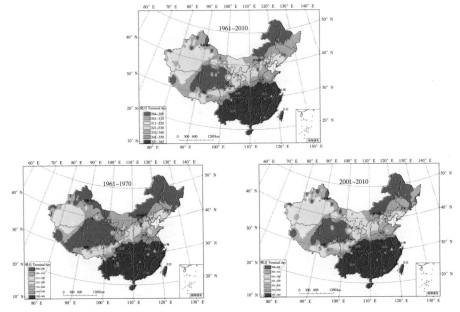

图17 80%保证率下日均气温稳定通过0℃的终日空间分布

部于7月下旬~9月上旬间通过。1961~2010年，不同年代80%保证率下日均气温稳定通过10℃的终日表明，日均气温≥10℃的终日呈不同程度的推迟趋势（见图18）。

3. 日均气温≥0℃和≥10℃的持续日数

1961~2010年，80%保证率下，全国日均气温≥0℃的持续日数呈东南向西北逐渐减少趋势，而日均气温≥10℃的持续日数则呈由南向北逐渐减少趋势。

青藏高原大部、新疆局部、内蒙古东北部、东北北部的日均气温≥0℃的持续日数为151~200d，新疆东北部、青藏高原周边、甘宁大部、内蒙古中西部、东北中南部为201~250d；新疆西南部、华北大部、黄土高原东南部为251~300d；长江中下游北部大部、西南部分为301~350d；长江中下游南部、西南地区大部、华南地区为351~364d。1961~2010年，不同年代80%保证率下日均气温稳定通过0℃的持续日数表明，日均气温≥0℃的持续日数呈不同程度的增加趋势（见图19）。

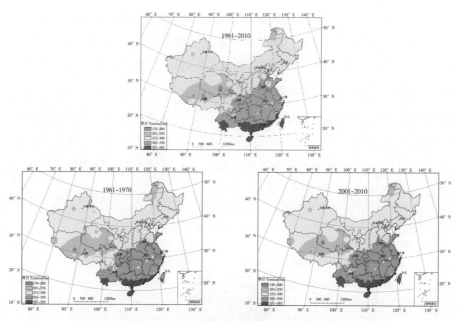

图 18　80% 保证率下日均气温稳定通过 10℃的终日空间分布

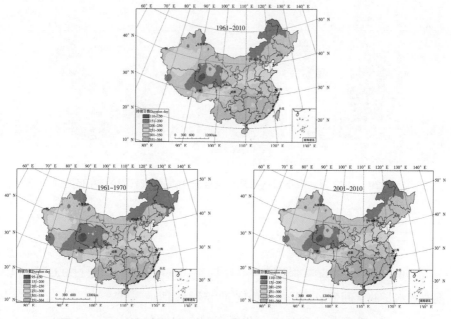

图 19　80% 保证率下日均气温稳定通过 0℃持续日数的空间分布

日均气温≥10℃的持续日数最短的区域为青藏高原中部和新疆局部,少于50d;青藏高原周边、内蒙古东北部、东北北部为51~100d;东北大部、内蒙古中东部、西北部分地区为101~150d;新疆中南部、黄土高原东南部、华北大部、东北西南部为151~200d;长江中下游大部、西南部分地区为201~250d;西南和华南南部在251d以上,其中华南沿海在300d以上,局部在351d以上。1961~2010年,不同年代80%保证率下日均气温稳定通过10℃的持续日数表明,日均气温≥10℃的持续日数呈不同程度的增加趋势(见图20)。

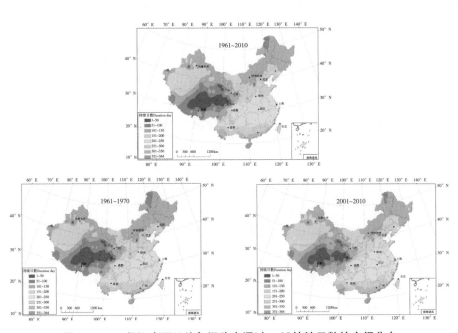

图20　80%保证率下日均气温稳定通过10℃持续日数的空间分布

(二)降水量

1961~2010年,80%保证率下,不同年代日均气温稳定通过0℃和10℃期间降水量的空间分布均呈从东南向西北递减趋势。

20世纪60年代,600mm分界线东起东北地区西南部,向西偏南经华北平原中部、黄土高原南部，继续向西经甘宁南部到西藏南部。600mm分界线以北，降水逐渐减少，其中东北地区、内蒙古东南大部、黄土高原东南部、西北东南部为301~600mm；西北大部、内蒙西北部在300mm以下，局部区域最少，仅14mm。600mm分界线以南，降水逐渐增多，其中黄淮流域、西北地区东部为301~600mm，西北地区东南部为601~900mm，长江中下游北部、西南地区大部为901~1200mm，长江中下游西南部为1201~1500mm，华南大部、华东西南部在1500mm以上，局部可达2100mm以上。

1961~2010年，不同年代80%保证率下日均气温稳定通过0℃和10℃期间的降水量表明，降水量没有明显变化趋势（见图21、图22），但区域之间的降水量差异明显，部分地区的暖干化或暖湿化明显，可能对农业生产产生严重影响。

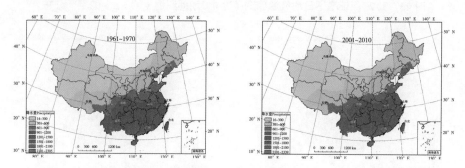

图21　80%保证率下日均气温稳定通过0℃期间降水量（mm）的空间分布

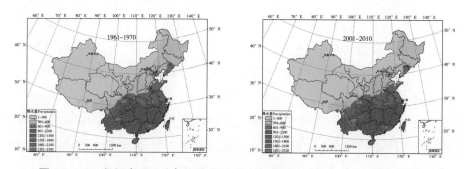

图22　80%保证率下日均气温稳定通过10℃期间降水量（mm）的空间分布

（三）积温

1961~2010年，80%保证率下，不同年代日均气温稳定通过0℃和10℃期间积温的空间分布呈现出青藏高原和东北大部较少，东南和南疆大部较多的趋势（见图23、图24）。

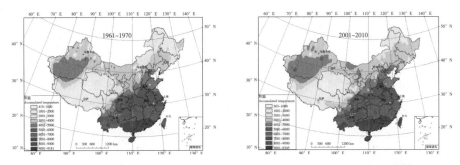

图23　80%保证率下日均气温稳定通过0℃期间积温（℃·d）的空间分布

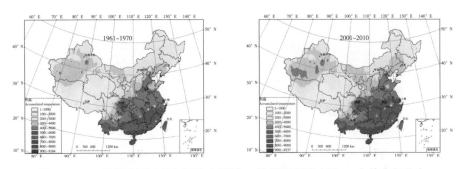

图24　80%保证率下日均气温稳定通过10℃期间积温（℃·d）的空间分布

20世纪60年代，全国日均气温≥0℃期间积温的空间分布呈现出青藏高原、东北大部较少，东南和南疆大部较多的趋势。青藏高原地势高寒，日平均气温≥0℃期间积温最少，多数地区在1000~2000℃·d，局部在1000℃·d以下，青藏高原周边、黑龙江大部、内蒙古东北部在2001~3000℃·d，陕甘宁大部、新疆部分地区、内蒙古中西部、东北西南部等地在3001~4000℃·d，南疆盆地、华北大部、西南西部在4001~5000℃·d，华东北部、华中中部、西南部分地区在5001~6000℃·d，西南局部、华中南部在6001~7000℃·d，华南大部在7001~8000℃·d，华南南部在8001℃·d以上，局部可达9000℃·d。

1961~2010年，不同年代80%保证率下日均气温稳定通过0℃和10℃期间积温表明，积温明显增加。

（四）日照时数

1961~2010年，80%保证率下，不同年代日均气温稳定通过0℃和10℃期间的日照时数空间分布均表现为：东北北部和东南部、青藏高原和西南部分地区较少，新疆大部、内蒙古西部、华南沿海、西南局部最高（见图25、图26）。

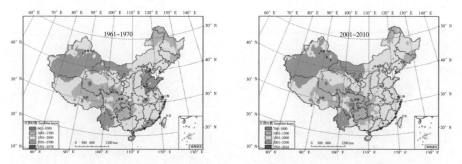

图25 80%保证率下日均气温稳定通过0℃期间日照（h）时数的空间分布

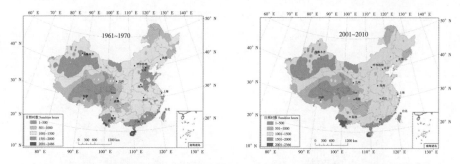

图26 80%保证率下日均气温稳定通过10℃期间日照时数（h）的空间分布

20世纪60年代，中国日均气温≥0℃期间日照时数为662~2578h。其中，东北北部和东南部、内蒙古东北部、青藏高原和西南大部为

1001~1500h，局部少于 1000h；新疆大部、内蒙古西部、华北大部、西南部分地区和华南沿海为 2001~2500h；东北西南部、内蒙古中东部、黄土高原东部、西北中部、长江中下游等地为 1501~2000h。

1961~2010 年，不同年代 80% 保证率下日均气温稳定通过 0℃和 10℃期间日照时数表明，日照时数明显减少。

（五）相对湿润度指数

1961~2010 年，80% 保证率下，不同年代日均气温稳定通过 0℃和 10℃期间的相对湿润度指数空间分布均表现为从东南向西北逐渐减小趋势（见图27、图 28）。

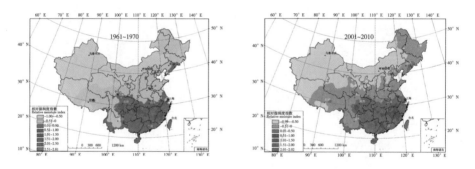

图 27　80% 保证率下日均气温稳定通过 0℃期间相对湿润度指数的空间分布

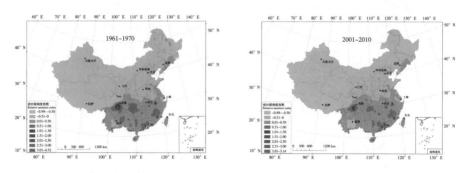

图 28　80% 保证率下日均气温稳定通过 10℃期间相对湿润度指数的空间分布

20 世纪 60 年代，中国日均气温 ≥ 0℃期间的相对湿润度指数表现为：华南各地、华东和华中中南部、西南大部、东北东南部大于 0.01，部分地区甚至大于 0.05；华东和华中北部、华北大部、黄土高原东部、东北大部、西北南部为 –0.51~0；内蒙古和西北大部为 –1~–0.5。

1961~2010 年，不同年代 80% 保证率下日均气温稳定通过 0℃和 10℃期间相对湿润度指数表明，相对湿润度指数没有明显变化趋势。

三 粮食作物种植区农业气候资源变化

（一）小麦

1961~2010 年，东北和长江中下游地区小麦生育期内平均气温较高，而在西部和华北的部分地区偏低。平均气温总体呈升高趋势，西部和北方地区较南方地区增温显著（见图 29）。

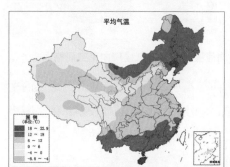

图 29　1961~2010 年小麦生育期内平均气温及其气候倾向率空间格局

1961~2010 年小麦生育期内，东北地区平均最高气温最高，而在西藏、四川西部高原和西北的部分地区平均最高气温偏低；平均最高气温总体呈升高趋势，西部、北方和华东的部分地区较其他地区显著（见图 30）。

1961~2010 年小麦生育期内，东北地区平均最低气温最高，而在西部大部、山西和河北的部分地区平均最低气温偏低；平均最低气温总体呈升高趋势，且升温速率大于平均最高气温，西部、东北和华北的部分地区的平均最低气温升高趋势明显（见图 31）。

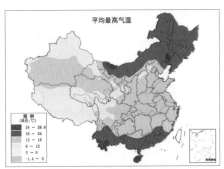 

图30 1961~2010年小麦生育期内平均最高气温及其气候倾向率空间格局

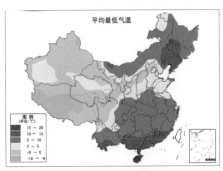 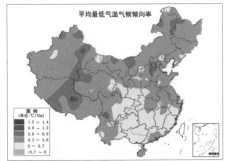

图31 1961~2010年小麦生育期内平均最低气温及其气候倾向率空间格局

1961~2010年小麦生育期内,四川西部高原、西藏和新疆部分地区的平均气温日较差最大,而在南方的大部地区较小;平均气温日较差总体呈减小趋势,在东北、内蒙古和西部的部分地区减小趋势明显,仅在黄河中下游和长江中下游的部分地区增大(见图32)。

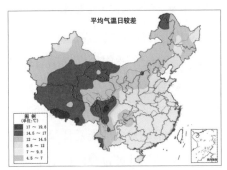 

图32 1961~2010年小麦生育期内平均气温日较差及其气候倾向率空间格局

1961~2010 年小麦生育期内，华北、江南大部地区 ≥ 0℃积温气候倾向率偏高，而西部和东北地区偏低；≥ 0℃积温呈增加趋势，特别是华北大部地区增加趋势明显（见图33）。

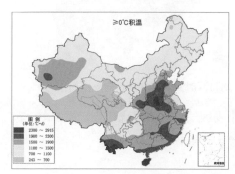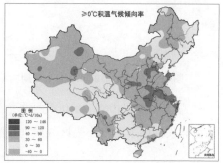

图33　1961~2010 年小麦生育期内 ≥ 0℃积温及其气候倾向率空间格局

1961~2010 年小麦生育期内，全国降水量由东南向西北呈减少趋势，最大值出现在湖北和安徽的部分地区；降水量在西部、内蒙古、东北和华东的部分地区呈弱增加趋势，而在华北平原和长江中下游的大部分地区以减少趋势为主（见图34）。

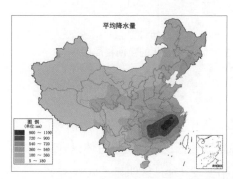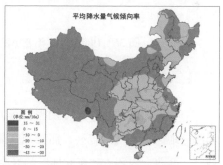

图34　1961~2010 年小麦生育期内平均降水量及其气候倾向率空间格局

1961~2010 年小麦生育期内，新疆、甘肃、陕西、宁夏、山西和河北的部分地区日照时数较多，而四川盆地、贵州、重庆部分地区偏少；西北、西藏、云南地区日照时数呈增加趋势，而其他地区呈减少趋势（见图35）。

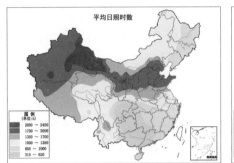

图 35　1961~2010 年小麦生育期内平均日照时数及其气候倾向率空间格局

总体而言，1961~2010 年西北冬小麦区气候呈暖湿化趋势，而西南、黄淮海和长江中下游冬小麦区气候均呈暖干化趋势（见图 36）。

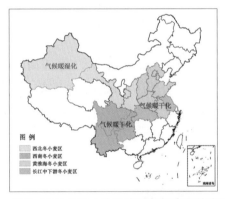

图 36　1961~2010 年冬小麦主产区气候变化的空间格局

（二）玉米

1961~2010 年玉米生育期内，华北、华中、华东、华南、西南东部和新疆部分地区平均气温较高，而青藏高原地区偏低；平均气温总体以升高为主，西藏、西北、内蒙古和东北地区的升高幅度较其他地区明显（见图 37）。

1961~2010 年玉米生育期内，华北、华中、华东、华南、西南东部和新疆部分地区平均最高气温较高，青藏高原地区偏低；平均最高气温总体呈升高趋势，内蒙古北部和西北的部分地区升温最高，仅河北、河南、安徽、湖北、湖南和江西的部分地区以降温为主（见图 38）。

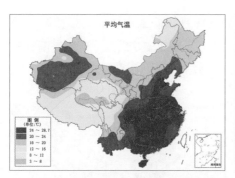

图 37　1961~2010 年玉米生育期内平均气温及其气候倾向率空间格局

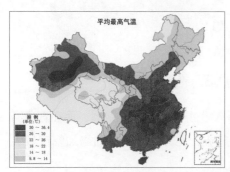

图 38　1961~2010 年玉米生育期内平均最高气温及其气候倾向率空间格局

　　1961~2010 年玉米生育期内，华北、华中、华东、华南、西南东部和新疆部分地区平均最低气温较高，而青藏高原和内蒙古的北部地区偏低；平均最低气温总体呈升高趋势，西部、内蒙古和东北地区的升高趋势较其他地区明显（见图 39）。

图 39　1961~2010 年玉米生育期内平均最低气温及其气候倾向率空间格局

1961~2010 年玉米生育期内，平均气温日较差呈由西北向东南减小趋势，在新疆、甘肃和内蒙古的部分地区平均气温日较差最大；平均气温日较差总体呈减小趋势，大部分地区在 −0.26℃ /10a~0℃ /10a（见图 40）。

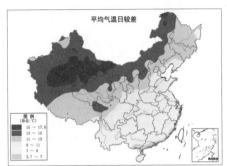
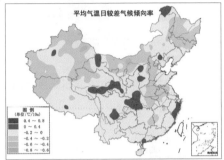

图 40　1961~2010 年玉米生育期内平均气温日较差及其气候倾向率空间格局

1961~2010 年玉米生育期内，≥ 10℃积温在华南地区最高，而在青藏高原地区偏低；≥ 10℃积温总体呈增加趋势，北方大部地区的增加幅度较大（见图 41）。

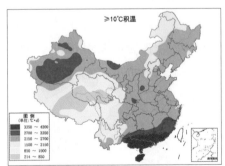
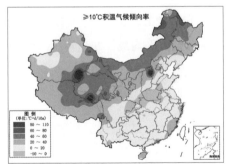

图 41　1961~2010 年玉米生育期内≥ 10℃积温及其气候倾向率空间格局

1961~2010 年玉米生育期内，降水量总体呈由东南向西北减少趋势，最大值出现在福建、广东和广西地区；降水量在西藏、西北大部、内蒙古西部、华中、华南和华东的部分地区呈增加趋势，而在其他地区呈减少趋势（见图 42）。

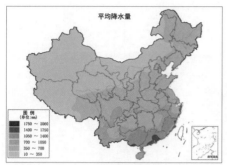 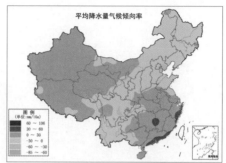

图 42　1961~2010 年玉米生育期内平均降水量及其气候倾向率空间格局

　　1961~2010 年玉米生育期内，日照时数呈由西北向东南减少的趋势，新疆、甘肃和内蒙古的部分地区日照时数最多；日照时数在西北、内蒙古和黑龙江北部的少数地区呈弱增加趋势，而在其他地区呈减少趋势（见图 43）。

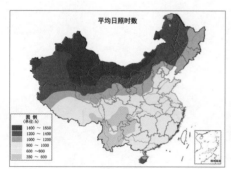 

图 43　1961~2010 年玉米生育期内平均日照时数及其气候倾向率空间格局

　　总体而言，1961~2010 年西北玉米区气候呈暖湿化趋势，西南、黄淮海北部和东北玉米区气候均呈暖干化趋势，而黄淮海南部玉米区气候呈冷湿化趋势（见图 44）。

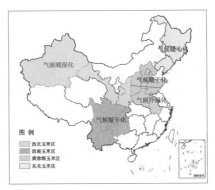

图44 1961~2010 年玉米主产区气候变化的空间格局

（三）水稻

1. 单季稻

1961~2010 年单季稻生育期内，全国大部地区平均气温高于 16℃，华中和华东地区平均气温较高，而新疆北部、甘肃和东北的部分地区偏低；平均气温总体呈升高趋势，西北、内蒙古和东北地区的升温幅度大于其他地区（见图 45）。

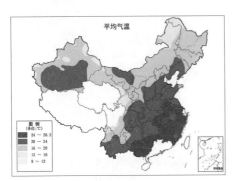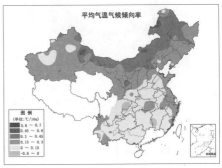

图45 1961~2010 年单季稻生育期内平均气温及其气候倾向率空间格局

1961~2010 年单季稻生育期内，全国大部地区平均最高气温高于 24℃，华中和华东地区较高；平均最高气温总体呈升高趋势，仅在山东、河南和贵州的部分地区以降温为主（见图 46）。

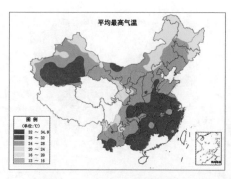

图 46　1961~2010 年单季稻生育期内平均最高气温及其气候倾向率空间格局

1961~2010 年单季稻生育期内，平均最低气温呈由南向北降低趋势，在华东地区较高（见图 47）；平均最低气温总体以升温为主，升温速率呈由北向南减小趋势。

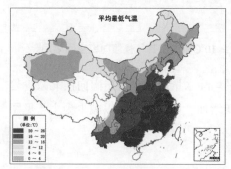

图 47　1961~2010 年单季稻生育期内平均最低气温及其气候倾向率空间格局

1961~2010 年单季稻生育期内，平均气温日较差总体呈由西北向东南减小趋势（见图 48），大部分地区的气候倾向率为 –0.25℃/10a~0℃/10a。

1961~2010 年单季稻生育期内，全国大部地区≥10℃积温都高于 2083℃·d，华东和新疆地区偏高；≥10℃积温总体呈增加趋势，北方大部分地区增加趋势明显（见图 49）。

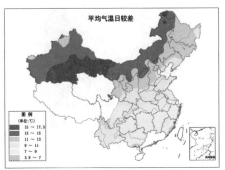

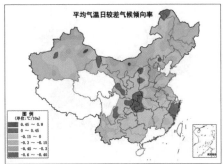

图48 1961~2010年单季稻生育期内平均气温日较差及其气候倾向率空间格局

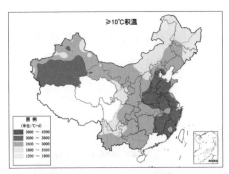

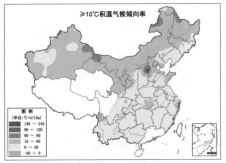

图49 1961~2010年单季稻生育期内≥10℃积温及其气候倾向率空间格局

1961~2010年单季稻生育期内，平均降水量总体呈由东南向西北减少趋势，西部、华中和华东地区降水量有所增加，而其他地区以减少为主（见图50）。

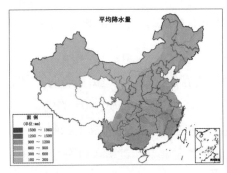

图50 1961~2010年单季稻生育期内平均降水量及其气候倾向率空间格局

1961~2010 年单季稻生育期内，平均日照时数呈由西北向东南减少趋势，四川盆地、重庆、贵州最少，西北和黑龙江北部局地呈弱增加趋势，其他地区呈减少趋势（见图 51）。

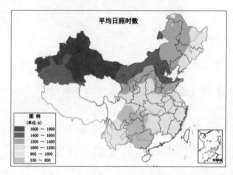

图 51　1961~2010 年单季稻生育期内平均日照时数及其气候倾向率空间格局

总体而言，1961~2010 年，西南和东北单季稻区气候呈暖干化趋势，而长江中下游单季稻区气候呈暖湿化趋势（见图 52）。

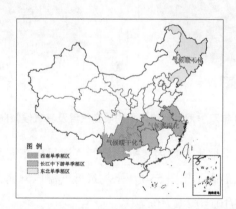

图 52　1961~2010 年单季稻主产区气候变化的空间格局

2. 双季稻

1961~2010 年双季稻生育期内，大部地区平均气温高于 20℃，广西、广东和江西的部分地区平均气温较高（见图 53），大部分地区平均气温气候倾向率为 0℃ /10a~0.2℃ /10a。

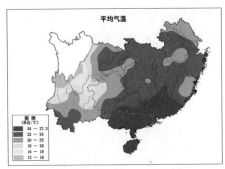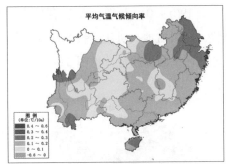

图 53　1961~2010 年双季稻生育期内平均气温及其气候倾向率空间格局

1961~2010 年双季稻生育期内，大部地区平均最高气温都高于 26℃，由东向西呈减小趋势（见图 54），大部分地区平均最高气温气候倾向率为 0℃ /10a~0.25℃ /10a。

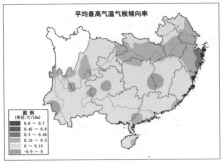

图 54　1961~2010 年双季稻生育期内平均最高气温及其气候倾向率空间格局

1961~2010 年双季稻生育期内，平均最低气温呈由东向西降低趋势，广西、广东和海南地区最高（见图 55）。平均最低气温以升高为主，大部分地区的升高速率为 0℃ /10a~0.2℃ /10a。

1961~2010 年双季稻生育期内，平均气温日较差由西向东呈减小趋势；气温日较差总体呈减小趋势，仅在浙江的小部分地区增大（见图 56）。

1961~2010 年双季稻生育期内，≥ 10℃积温总体呈由东南向西北减少的趋势，≥ 10℃积温在大部分地区呈增加趋势，仅在西南的个别地区出现减少趋势（见图 57）。

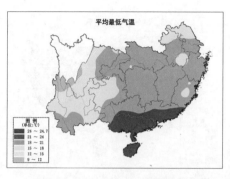

图 55　1961~2010 年双季稻生育期内平均最低气温及其气候倾向率空间格局

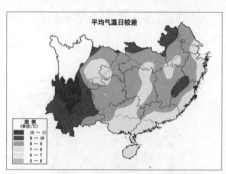

图 56　1961~2010 年双季稻生育期内平均气温日较差及其气候倾向率空间格局

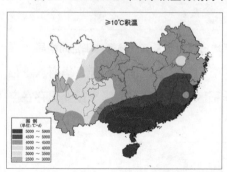
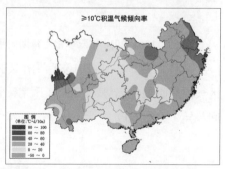

图 57　1961~2010 年双季稻生育期内 ≥ 10℃积温及其气候倾向率空间格局

　　1961~2010 年双季稻生育期内，平均降水量呈由南向北减少趋势，最大值出现在广东、广西和海南的部分地区；广东、福建、江西、安徽、湖南东部、湖北东部和浙江东部的部分地区降水量呈弱增加趋势，而在其他地区主要呈减少趋势（见图 58）。

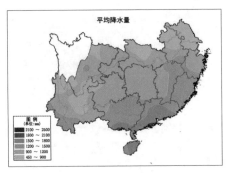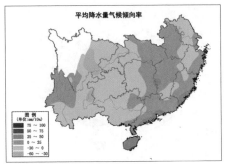

图 58　1961~2010 年双季稻生育期内平均降水量及其气候倾向率空间格局

1961~2010 年双季稻生育期内，平均日照时数呈由西向东增多趋势，海南最多，日照时数在大部地区呈减少趋势（见图 59）。

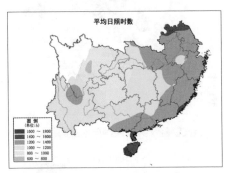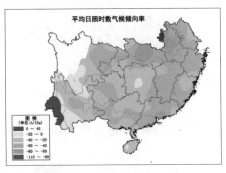

图 59　1961~2010 年双季稻生育期内平均日照时数及其气候倾向率空间格局

总体而言，1961~2010 年西南双季稻区气候呈暖干化趋势，华南双季稻区气候呈暖湿化趋势，长江中下游双季稻区气候变暖，而降水量变化存在空间差异（见图 60）。

图 60　1961~2010 年双季稻主产区气候变化的空间格局

四 农业气候资源变化对粮食产量的影响

（一）冬小麦

1961~2010 年冬小麦生育期内，平均气温变化对各省冬小麦单产的影响有正有负，而日较差和降水量变化对冬小麦单产的影响以正效应为主。平均气温升高 1℃对冬小麦单产的影响在 −7.6%~7.7%；气温日较差增加 1℃对冬小麦单产的影响在 −3.6%~10.0%；降水量增加 100mm 对冬小麦单产的影响在 −8.9%~13.6%（见图 61）。

图 61 1961~2010 年冬小麦单产和生育期平均气温、日较差、降水量的线性回归系数

近 50 年冬小麦生育期内，大部地区的平均气温以升高为主，北方地区的升温趋势高于南方地区，平均气温变化使黄淮海和西南的大部地区减产，而使其他地区增产；气温日较差总体以降低为主，仅在西部和长江中下游的个别地区呈升高趋势，近 50 年气温日较差变化使大部分地区的冬小麦单产以降低为主；近 50 年降水量变化使大部分地区的冬小麦单产呈弱降低趋势，但河北、天津、山东、四川、贵州、江苏和安徽则呈较强的增加趋势（见图62）。

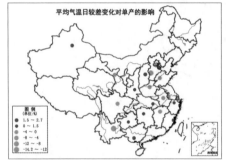 

图 62　1961~2010 年生育期平均气温、日较差和降水量变化对冬小麦单产的实际影响

1961~2010 年冬小麦生育期内，全国平均气温变化对冬小麦单产的影响呈负效应，平均气温升高 1℃，单产减少 2.5%；全国平均气温的升高使冬小麦单产减少 5.8%，单产的实际变化为 –138.5kg/hm²。近 50 年全国日较差变化对冬小麦单产的影响呈正效应，平均气温日较差升高 1℃，单产增加 3.9%；全国平均气温日较差的减小使冬小麦单产减少 2.9%，单产的实际变化为 –70.8kg/hm²。近 50 年全国平均降水量变化对冬小麦单产的影响呈正效应，降水量增加 100mm，单产增加 7.5%；全国平均降水量的增加使冬小麦单产增加 1.6%，单产的实际变化为 37.3kg/hm²（见表 4）。

表4 1961~2010 年全国冬小麦单产和生育期内气象要素的线性回归系数及气象要素变化
对全国冬小麦单产的实际影响

气象要素	线性回归系数		单产的相对变化（%）		单产的实际变化（kg/hm²）	
	平均	95.0% 的置信区间	平均	95.0% 的置信区间	平均	95.0% 的置信区间
平均气温	−2.5%/℃	−5.8%~0.7%/℃	−5.8	−13.1~1.6	−138.5	−316.5~39.5
气温日较差	3.9%/℃	−1.4%~9.2%/℃	−2.9	−7.0~1.1	−70.8	−167.2~25.6
降水量	7.5%/100mm	3.4%~11.6%/100mm	1.6	0.7~2.4	37.3	16.8~57.8

1961~2010 年冬小麦生育期内，平均气温变化对各省冬小麦总产的影响有正有负，而日较差和降水量变化对冬小麦总产的影响以正效应为主。平均气温升高 1℃对冬小麦总产的影响在 −7.2%~7.8%；气温日较差增加 1℃对冬小麦总产的影响在 −8.8%~13.9%；降水量增加 100mm 对冬小麦总产的影响在 −4.8%~16.1%（见图 63）。

图 63 1961~2010 年冬小麦总产与生育期平均气温、日较差和降水量的线性回归系数

（二）玉米

1961~2010 年玉米生育期内，平均气温变化对各省玉米单产的影响以负效应为主，而日较差和降水量变化对玉米单产的影响有正有负。平均气温升高 1℃对玉米单产的影响在 –17.0%~7.5%；气温日较差增加 1℃对玉米单产的影响在 –22.4%~7.0%；降水量增加 100mm 对玉米单产的影响在 –7.3%~6.5%（见图 64）。

图 64　1961~2010 年玉米单产与生育期平均气温、日较差和降水量的线性回归系数

近 50 年玉米生育期内，大部分地区的平均气温以升高为主，西藏、西北、内蒙古和东北地区的平均气温升高幅度高于其他地区，近 50 年平均气温变化使大部分地区的玉米以减产为主；气温日较差总体呈减小趋势，大部分地区的气温日较差气候倾向率为 –0.26℃ /10a~0℃ /10a。近 50 年气温日较差变化使中、西部地区的玉米以减产为主，而在其他地区以增产为主；降水量在西藏、西北、内蒙古西部、华中、华南和华东的大部地区呈增加趋势，而在其他地区以减少为主，近50年降水量的变化使大部地区的玉米单产呈弱减少趋势，但辽宁、吉林、河北、新疆、贵州、浙江的玉米单产呈较强的增加趋势（见图65）。

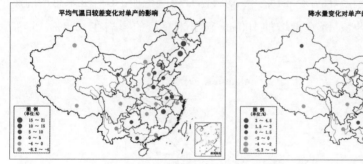

图65 1961~2010年生育期平均气温、日较差和降水量变化对玉米单产的实际影响

1961~2010年玉米生育期内，全国平均气温变化对玉米单产的影响呈负效应，平均气温升高1℃，单产减少3.8%；全国平均气温的升高使玉米单产减少3.4%，单产的实际变化为–114.0kg/hm^2（见表5）。近50年全国气温日较差变化对玉米单产的影响呈负效应，平均气温日较差升高1℃，单产减少0.8%；全国平均气温日较差的减小使玉米单产增加0.6%，单产的实际变化为20.3kg/hm^2。近50年全国平均降水量变化对玉米单产的影响呈正效应，降水量增加100mm，单产增加5.5%；全国平均降水量的减少对玉米单产的影响不大。

表5 1961~2010年全国玉米单产和生育期内气象要素的线性回归系数及气象要素变化
对玉米单产的实际影响

气象要素	线性回归系数		单产的相对变化（%）		单产的实际变化（kg/hm²）	
	平均	95.0%的置信区间	平均	95.0%的置信区间	平均	95.0%的置信区间
平均气温	–3.8%/℃	–7.4%~–0.2%/℃	–3.4	–6.5~–0.2	–114.0	–220.7~–7.2
气温日较差	–0.8%/℃	–7.3%~5.6%/℃	0.6	–4.0~5.2	20.3	–135.8~176.4
降水量	5.5%/100mm	1.0%~10.0%/100mm	0	–0.1~0.0	–0.9	–1.7~–0.2

1961~2010年玉米生育期内，平均气温和平均气温日较差对各省玉米总产的影响以负效应为主，而降水量对玉米总产的影响则有正有负，即平均气温升高，产量减少；平均气温日较差缩小，产量增加。平均气温升高1℃对玉米总产的影响在–18.6%~4.1%；平均气温日较差增加1℃对玉米总产的影响在–23.1%~6.8%；降水量增加100mm对玉米总产的影响在–7.8%~15.7%（见图66）。

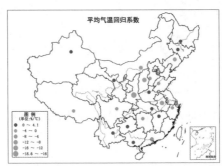

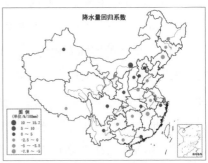

图66 1961~2010年玉米总产与生育期平均气温、日较差和降水量的线性回归系数

（三）水稻

1. 单季稻

1961~2010 年单季稻生育期内，平均气温变化对各省单季稻单产的影响有正有负，而降水量和平均气温日较差变化对单季稻单产的影响以负效应为主。平均气温升高 1℃对单季稻单产的影响在 –9.1%~17.0%；平均气温日较差增加 1℃对单季稻单产的影响在 –14.8%~8.6%；降水量增加 100mm 对单季稻单产的影响在 –7.9%~10.0%（见图 67）。

图 67　1961~2010 年单季稻单产与生育期平均气温、日较差和降水量的线性回归系数

1961~2010 年单季稻生育期内，大部地区的平均气温以升高为主，西北、内蒙古和东北地区的升温幅度高于其他地区，近 50 年平均气温变化使西北、东北、华北和西南大部地区的单季稻以增产为主，而其他地区以减产为主。平均气温日较差总体呈降低趋势，大部分地区的平均气温日较差气候倾向率在 –0.25℃ /10a~0.0℃ /10a，对单季稻单产的影响区域间差异明显。西北、华中和华东的部分地区降水量呈增加趋势，而在其他地区以减少为主，华北和长江中下游部分地区的单季稻以减产为主，其余大部地区以增产为主（见图 68）。

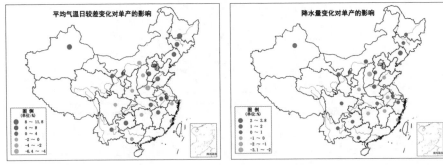

图 68　1961~2010 年生育期平均气温、日较差和降水量变化对单季稻单产的实际影响

1961~2010 年单季稻生育期内，全国平均气温变化对单季稻单产的影响呈正效应，平均气温升高 1℃，单产增加 4.6%；平均气温的升高使全国单季稻单产增加 11.0%，单产的实际变化为 618.2kg/hm²。近 50 年全国平均气温日较差变化对单季稻单产的影响呈正效应，平均气温日较差升高 1℃，单产增加 2.5%；平均气温日较差的减小使全国单季稻单产减少 3.0%，单产的实际变化为 –170.0kg/hm²。近 50 年全国平均降水量变化对单季稻单产的影响呈正效应，降水量增加 100mm，单产增加 5.8%；平均降水量的增加使全国单季稻单产增加 6.2%，单产的实际变化为 348.4kg/hm²（见表 6）。

表 6　1961~2010 年全国单季稻单产和生育期内气象要素的线性回归系数及气象要素变化对全国单季稻单产的实际影响

气象要素	线性回归系数		单产的相对变化（%）		单产的实际变化（kg/hm²）	
	平均	95.0% 的置信区间	平均	95.0% 的置信区间	平均	95.0% 的置信区间
平均气温	4.6%/℃	0.1%~9.2%/℃	11.0	0.3~26.5	618.2	12.5~1223.8
气温日较差	2.5%/℃	−5.6%~10.7%/℃	−3.0	−15.5~−8.1	−170.0	−716.8~376.7
降水量	5.8%/100mm	0.6%~11.0%/100mm	6.2	0.8~14.3	348.4	36.7~660.0

　　1961~2010 年单季稻生育期内，平均气温对各省单季稻总产的影响有正有负，而平均气温日较差和降水量对单季稻总产的影响以负效应为主。平均气温升高 1℃对单季稻总产的影响在 −20.5%~15.0%；平均气温日较差增加 1℃对单季稻总产的影响在 −12.6%~7.8%；降水量增加 100mm 对单季稻总产的影响在 −12.6%~3.4%（见图 69）。

图 69　1961~2010 年单季稻总产与生育期平均气温、日较差和降水量的线性回归系数

2. 双季稻

1961~2010 年双季稻生育期内，平均气温和降水量变化对各省双季稻单产的影响以负效应为主，平均气温日较差变化对双季稻单产的影响则有正有负。平均气温升高 1℃对双季稻单产的影响在 –7.2%~3.7%；平均气温日较差增加 1℃对双季稻单产的影响在 –11.5%~2.3%；降水量增加 100mm 对双季稻单产的影响在 –4.2%~1.9%（见图 70）。

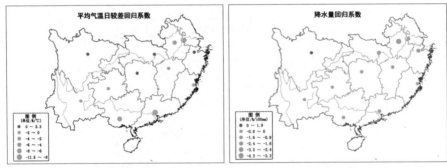

图 70 1961~2010 年双季稻单产和生育期平均气温、日较差和降水量的线性回归系数

1961~2010 年双季稻生育期内，平均气温以升高为主，大部地区的升温率在 0.0℃ /10a~0.2℃ /10a，近 50 年平均气温变化使大部分地区的双季稻以减产为主；平均气温日较差总体呈减小趋势，仅在四川盆地、重庆和浙江的部分地区升高，近 50 年平均气温日较差变化对双季稻正影响的区域大于负影响的区域；降水量在西南、江西和华东的部分地区有所减少，而在其他地区呈弱增加趋势，近 50 年降水量变化使得云南、广西、湖南、湖北等地区的双季稻单产呈增加趋势，而使其他地区的双季稻单产呈减少趋势（见图 71）。

图 71　1961~2010 年生育期平均气温、日较差和降水量变化对双季稻单产的实际影响

　　1961~2010 年双季稻生育期内，全国平均气温变化对双季稻单产的影响呈负效应，平均气温升高 1℃，单产减少 2.8%；平均气温的升高使全国双季稻单产减少 1.9%，单产的实际变化为 –90.2kg/hm²（见表 7）。近 50 年全国平均气温日较差变化对双季稻单产的影响呈正效应，平均气温日较差升高 1℃，单产增加 5.4%；平均气温日较差的减小使全国双季稻单产减少 2.0%，单产的实际变化为 –93.0kg/hm²。近 50 年全国平均降水量变化对双季稻单产的影响呈正效应，降水量增加 100mm，单产增加 0.4%；平均降水量的略微减少对全国双季稻单产的影响不大。

表7 1961~2010年全国双季稻单产和生育期内气象要素的线性回归系数及气象要素变化
对全国双季稻单产的实际影响

气象要素	线性回归系数		单产的相对变化 （%）		单产的实际变化 （kg/hm²）	
	平均	95.0%的 置信区间	平均	95.0%的 置信区间	平均	95.0%的 置信区间
平均气温	−2.8%/℃	−0.6%~0.5%/℃	−1.9	−4.2~0.4	−90.2	−197.7~17.3
气温日较差	5.4%/℃	0.3%~10.5%/℃	−2.0	−3.8~−0.1	−93.0	−5.5~−180.4
降水量	0.4/100mm	−1.1%~1.9%/100mm	0	−0.02~0.01	−0.2	−0.7~0.4

　　1961~2010年双季稻生育期内，平均气温、平均气温日较差和降水量对各省双季稻总产的影响以负效应为主。平均气温升高1℃对双季稻总产的影响在 −15.9%~1.5%，大部分地区的减产幅度超过3.0%；平均气温日较差增加1℃对双季稻总产的影响在 −24.4%~1.6%；降水量增加100mm对双季稻总产的影响在 −10.3%~0.0%（见图72）。

图72 1961~2010年双季稻总产与生育期平均气温、日较差和降水量的线性回归系数

B.4
农业气象灾害变化对粮食生产的影响

一 干旱

干旱是中国最主要的农业气象灾害，全国各地均有发生，年均受旱面积达 3.0 亿亩，其中华北和西南地区干旱发生频率最大，近年来东北西部、华北、黄淮和西南等地的干旱呈加重趋势。

（一）气象干旱演变

1961~2010 年，基于气象干旱指数的全国年均干旱日数呈弱减少趋势（见图 1）。20 世纪 60 年代至 21 世纪前十年的年均干旱日数分别为 56.6 天、53.2 天、51.7 天、54.5 天和 52.7 天，年均干旱日数变化不大。

1961~2010 年，农作物主要生长季（4~9 月）的气象干旱日数也呈弱减少趋势（见图 2）。20 世纪 60 年代至 21 世纪前十年的年均干旱日数分别为 31.5 天、27.9 天、26.9 天、28.2 天和 28.6 天。总体而言，60 年代干旱日数较多，70 年代以来干旱日数变化不大。

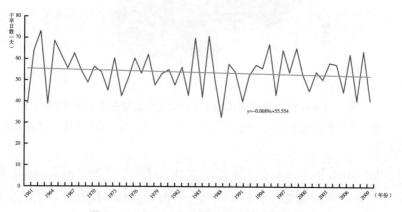

图1　1961~2010 年全国年均干旱日数变化

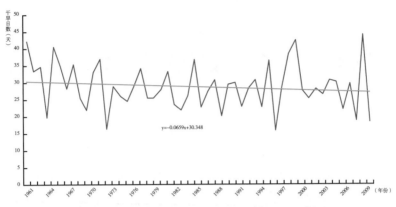

图 2　1961~2010 年全国 4~9 月平均干旱日数变化

（二）气象干旱空间格局

1961~2012 年，全国气象干旱日数整体呈减少趋势，但空间分布不均，辽宁、山东、陕西、河南、湖北、重庆、四川、贵州、云南和广西等地的年干旱日数呈增加趋势（见图 3）。

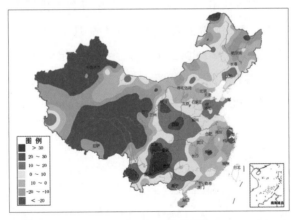

图 3　1961~2012 年全国年均干旱日数变化趋势分布（天 /52 年）

说明：本图数据来源于国家气候中心。如无特别说明，本报告图片数据均源于国家气候中心。

1961~2012 年，在内蒙古东部、吉林、辽宁、陕西、河南西部、湖北西部、重庆、四川东部、贵州、湖南、云南和广西等地农作物主要生长季（4~9 月）的干旱呈加重趋势（见图 4）。

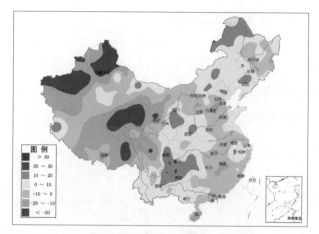

图4 1961~2012年全国4~9月干旱日数变化趋势分布（天/52年）

1. 春季（3～5月）干旱趋势

春季干旱加重区域主要是陕西、河南、江苏、浙江、安徽、江西、湖北、湖南、贵州、广西、广东等地，即长江中下游、西北东部、西南地区东部和华南等地，华北和东北地区春季干旱呈减轻趋势（见图5）。近10年来，严重春旱出现的时间有：2011年长江中下游遭受近50年最严重的冬春连旱、2009年西北东北部和山西的春夏连旱及2007年河南的春季严重干旱。

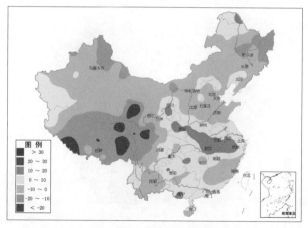

图5 1961~2012年全国春季干旱日数变化趋势分布（天/52年）

2. 夏季（6～8月）干旱趋势

夏季干旱加重区域主要是东北大部、西南东部、华南及内蒙古东部等地，夏季干旱日数偏多1~10天，但长江中下游地区夏季伏旱呈减少趋势（见图6）。全国夏季干旱整体没有特别加重区域，近10年最严重夏伏旱出现在2006年的重庆和四川。

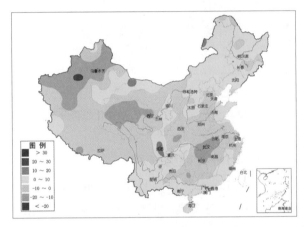

图6　1961~2012年全国夏季干旱日数变化趋势分布（天/52年）

3. 秋季（9～11月）干旱趋势

全国东部地区秋季干旱整体呈加重趋势，特别是内蒙古东部、黑龙江西部、吉林西部、重庆、四川东部、贵州、云南、广西和广东等地（见图7）。

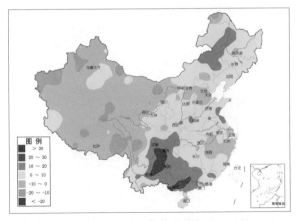

图7　1961~2012年全国秋季干旱日数变化趋势分布（天/52年）

1961~2012 年秋季干旱日数增加了 10~20 天，四川、贵州、云南和广西部分地区增加了 20~30 天。由于秋季正值大秋作物灌浆期，干旱会对作物产量造成严重影响。近 10 年来，全国主要的秋季干旱事件有：2009 年南方 6省（区）遭遇近 50 年来的罕见秋旱，2008 年内蒙古、黑龙江等地发生阶段性的秋旱，2007 年江南、华南发生 50 年一遇的特大秋旱，2005 年东北、华北和西北东部发生秋旱。

（三）干旱对粮食生产的影响

1961~2010 年，中国干旱灾害发展具有面积增大和频率加快的趋势（见图 8），全国干旱年均受灾面积约 23230 千公顷，约占农作物播种总面积的15.6%；其中成灾面积约 10953 千公顷，约占播种总面积的 7.3%。自 20 世纪 70 年代至今，全国干旱受灾面积居高不下，各年代平均受旱面积均在24000 千公顷以上，而成灾面积在 2000~2009 年十年间达到最高。

1961~2010 年，各年代旱灾成灾率（因旱成灾面积与农业受旱面积之比）则呈上升趋势（见图 9）。特别是 21 世纪以后，干旱成灾率平均达 56%左右，反映出全国农业干旱化趋势严重。

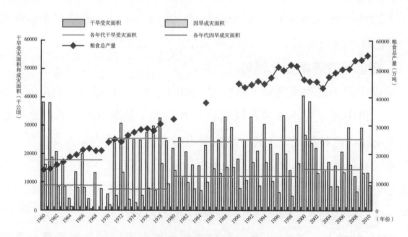

图 8　1961~2010 年全国农业干旱发生面积（受灾面积、成灾面积）和粮食总产量动态

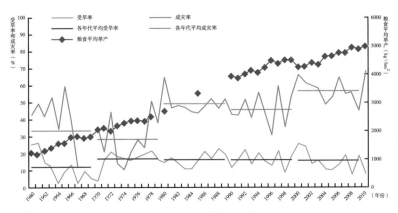

图 9　1961~2010 年全国农业干旱受旱率、成灾率和粮食平均单产动态

（四）麦区冬春连旱变化趋势

水分胁迫是影响作物生长和产量的最重要因素，全世界每年因水分亏缺导致的减产远超过其他因素造成的减产。中国是世界上小麦的第一大生产国和第一大消费国，播种面积为 2133.3 万 ~3066.7 万公顷，占粮食作物总面积的 19.57%~22.07%（赵广才等，2012）。北方麦区是中国最为重要的冬小麦主产区，也是中国干旱趋势最为显著的区域（马柱国、符淙斌，2006）。近年来（2008 年冬 ~2009 年春和 2010 年冬 ~2011 年春），连续发生的冬春连旱事件已经严重威胁到中国冬小麦的安全生产和粮食增产。

1. 麦区冬春连旱变化趋势

根据中国小麦种植区划（赵广才，2010a，b），在保持行政区完整性的基础上，将中国主要小麦种植区划分为 6 个区（见图 10）：①东北春麦区：包括黑龙江、吉林和辽宁 3 省；②内蒙古春麦区：包括内蒙古自治区；③西北春麦区：包括甘肃和宁夏；④华北冬麦区：包括河北、山西、陕西 3 省和京津 2 市；⑤黄淮冬麦区：包括山东、河南、江苏和安徽 4 省；⑥长江中下游冬麦区：包括湖北、湖南、江西、浙江 4 省和上海市。

1961~2010 年，东北、内蒙古和西北西部春麦区的冬春季降水和降水日数呈增加趋势；黄淮冬麦区部分区域（河南大部分区域）、华北冬麦区南部（陕西、山西全省和河北西部）、西北春麦区东南部（宁夏大部和青海东南部）和长江中下游冬麦区（湖南大部和江西西北部）的冬春两季降水均呈减少趋势，部分区域（湖南东部和江西西部）减幅达20.0mm/10a；其中陕西省内有6个站点的降水呈显著减少趋势（P<0.10，即Robust F检验通过90%统计显著性，下同），湖南和江西西北部两个站点的降水呈显著减少趋势（P<0.10），减少幅度大于20.0mm/10a。与冬春降水减少区域分布范围大体相同的区域，其无降水日数呈增加趋势，增幅最大达1.0~1.5d/10a。山西、河北和山东西北部冬春极端干旱（降水距平百分率≤–80%）的频次呈增加趋势，陕西东部和湖北西北部冬春极端干旱的频次也呈增加趋势，极端干旱的增加加剧了主要麦区冬春气象干旱的风险。

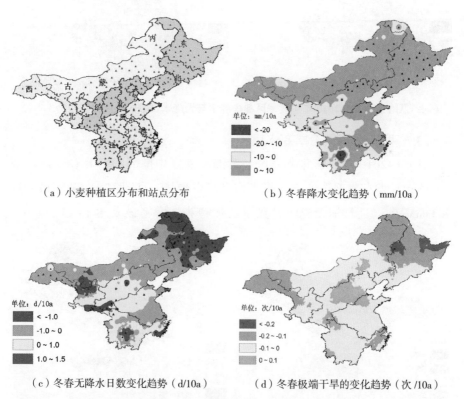

（a）小麦种植区分布和站点分布　　　　（b）冬春降水变化趋势（mm/10a）

（c）冬春无降水日数变化趋势（d/10a）　　（d）冬春极端干旱的变化趋势（次/10a）

图10　1961~2010年主要麦区冬春两季的降水、无降水日数与极端干旱的变化趋势

（▲表示通过Robust F 90%统计显著性检验的站点）

2. 麦区冬季气象干旱变化趋势

1961~2010 年，河北、北京、天津、山西及山东西部的冬季降水均呈减少趋势（-10.0~0.0mm/10a），且无降水日数呈增加趋势（见图 11），即华北冬麦区的冬季气象干旱呈加剧趋势。考虑到气候变暖对蒸散的促进作用，冬季干旱发生的风险将可能进一步加剧。其他区域（东北、内蒙古和西北春麦区，黄淮和长江中下游冬麦区）的冬季降水呈增加趋势，无降水日数呈减少趋势。

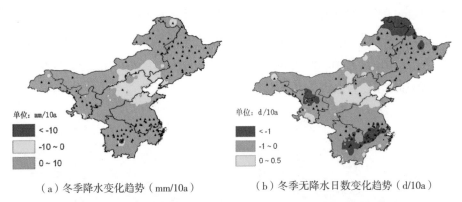

（a）冬季降水变化趋势（mm/10a）　　　（b）冬季无降水日数变化趋势（d/10a）

图 11　1961~2010 年主要麦区冬季降水与无降水日数的线性变化趋势

3. 麦区春季气象干旱变化趋势

1961~2010 年，华北冬麦区、黄淮冬麦区中南部和西北春麦区南部（宁夏和甘肃东南部）的春季降水均呈减少趋势（见图 12），减幅最大达 20.0mm/10a，且春季无降水日数呈增加趋势，增幅最大达 1.0~1.5d/10a。

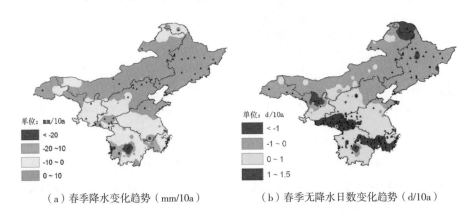

（a）春季降水变化趋势（mm/10a）　　　（b）春季无降水日数变化趋势（d/10a）

图 12　1961~2010 年主要麦区春季降水与无降水日数的线性变化趋势

其中，陕西省内 7 个站点降水呈显著减少趋势（P<0.10），减少幅度达 10.0~20.0mm/10a，而陕西大部、河南西部和湖北北部、江西和浙江大部分区域的无降水日数呈显著减少趋势（P<0.10），减少幅度达 1.0~1.5d/10a。

4. 主要麦区干旱趋势显著区的冬春干旱时间动态

在空间分布上，华北冬麦区大部、黄淮和长江中下游冬麦区以及西北春麦区西南部冬春气象干旱趋势明显。对照冬季、春季降水变化和无降水日数变化可以看出，华北和黄淮冬麦区北部冬季干旱趋势更加明显，而春季干旱风险增加的区域主要在黄淮、长江中下游和华北南部冬麦区和西北春麦区东南部。尽管长江中下游冬麦区和黄淮冬麦区南部（江苏省和安徽省）的春季降水也呈显著减少趋势，但由于该区冬春季降水对小麦生长而言以偏多为主，降水的减少不一定会引起干旱。

（1）华北冬麦区冬春干旱时间动态。当前，中国主要冬麦区冬春气象干旱主要发生在河北和山西两省、京津两市和河南、山东两省的黄河以北地区，即中国气象地理区划中的华北地区。该区 1951~2009 年降水距平变化表明，20 世纪 90 年代初期以来冬季和春季的降水均呈急剧下降趋势（见图 13），说明近 20 年来华北地区的冬春气象干旱风险呈剧增趋势。

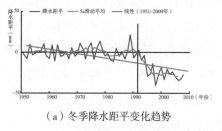

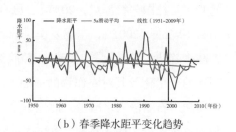

（a）冬季降水距平变化趋势　　　　　（b）春季降水距平变化趋势

图 13　1951~2009 年华北地区冬春降水距平变化趋势

（2）黄淮和长江中下游冬麦区的冬春干旱时间动态。1961~2010 年，黄淮冬麦区的冬季降水呈增加趋势（见图 14a），而春季降水呈下降趋势（见图 14b）；长江中下游冬麦区的冬春季降水变化与黄淮冬麦区的降水变化趋势相似（见图 14c、图 14d），尤其是 70 年代中期以后，春季降水呈持续下

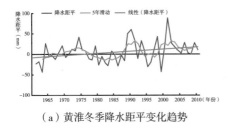

（a）黄淮冬季降水距平变化趋势

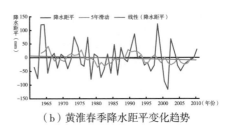

（b）黄淮春季降水距平变化趋势

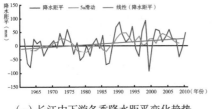

（c）长江中下游冬季降水距平变化趋势

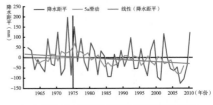

（d）长江中下游春季降水距平变化趋势

图 14　1961~2010 年黄淮与长江中下游的冬麦区冬春降水距平变化趋势

降趋势。尽管黄淮和长江中下游冬麦区的春季降水均呈减少趋势，但冬春季绝对降水量仍较华北冬麦区多。

5. 气候变化背景下主要麦区冬春季气象干旱变化趋势

以华北为中心的冬麦区冬春季降水呈减少趋势，特别是近 20 年来呈急剧减少趋势。最近的研究也证实，华北干旱在空间上存在向东和向南扩展的趋势（马柱国、符淙斌，2005）。已有研究表明，气候变化背景下中国季风南移（Wang，2001），东亚夏季风减弱导致华北夏季降水和华北年降水呈显著减少趋势（戴新刚等，2003；赖欣等，2010），而持续增温将进一步加剧当地的干旱化及其对农作物的影响（房世波等，2010），年降水减少导致土壤圈和岩石圈输入水减少，而地下水由于农业、工业和第三产业等的用水增加而持续减少（张光辉等，2009），最新的地球重力卫星数据监测表明，华北地区（包括北京、天津、河北和山西）每年损耗约 $8.3 \pm 1.1 \times 10^9$ 吨地下水（Wei et al.，2013）。冬春季干旱势必由于地下水位的持续下降和抗旱成本的增加而导致干旱风险进一步加大。华北年用水总量的近 70% 为农业用水，而灌溉用水超过农业用水的 80%（于静洁，吴凯，2009），冬春季降水的减少很可能增加农业尤其是冬小麦的灌溉需水量，将进一步加剧华北地区水资源的紧张程度。研究表明，在连续枯（丰）水年份，当年降水量减少10.0%时，地下水系统水量相应减少7.98%（张光辉等，2010），从而将进一步加深华北水资源和农业发展的矛盾。

由此可见，1961~2010年中国以华北为中心的冬麦区冬春气象干旱呈加剧趋势，主要表现在1961~2010年主要麦区的华北、西北东南部、黄淮和长江中下游冬春两季的降水总体呈减少趋势，无降水日数呈增加趋势，且华北极端干旱发生频次也呈增加趋势。地下水灌溉是缓解干旱的有效手段，华北地区由于降水减少将进一步加剧水资源和农业发展的矛盾；黄淮南部和长江中下游的春季降水尽管也呈减少趋势，但该区冬春季平均降水对小麦生长而言以偏多为主，所以该区降水的减少还不会对冬小麦生长产生不利影响；地处气候干旱区的东北和内蒙古春麦区、西北春麦区西部等地近50年来的冬春季降水均呈增加趋势，有利于春小麦生产。

二　洪涝

洪涝灾害对粮食生产的危害仅次于旱灾，居第二位。洪涝灾害年均损失粮食占灾害损失总量的25.0%。由于气候变暖，中国南方洪涝呈加重趋势。暴雨日数和降水强度在一定程度上反映了洪涝的变化趋势。中国南方地区雨季（5~9月）暴雨日数和降雨强度呈增多趋势（见图15），表明中国南方地区的洪涝呈增多趋势。

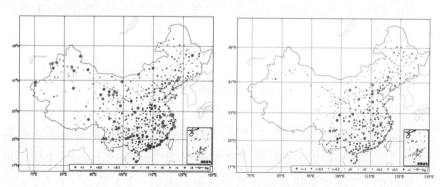

图15　1961~2010年5~9月全国降雨强度（左）和暴雨日数（右）变化趋势

1961~2010 年中国洪涝灾害发展呈面积增大和危害加重的趋势（见图 16）。1961~2010 年中国农业水灾受灾面积多年平均约为 982.1 万 hm²，约占全国播种总面积的 6.6%，其中成灾面积约 549.3 万 hm²，约占全国播种总面积的 3.7%。

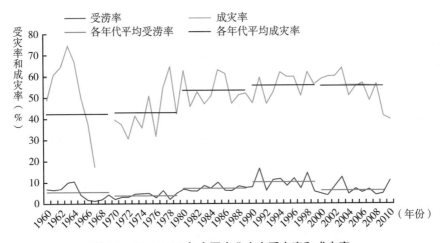

图 16　1960~2010 年全国农业水灾受灾率和成灾率

作为中国粮食主产区之一的长江流域，725 个县中就有近 1/3 属洪涝高脆弱性地区。在全球气候变暖背景下，发生相当于 1870 年、1954 年和 1998 年的流域性大洪水可能性增大，甚至发生上述特大洪水的重现期会缩短。中国现有易涝耕地 5000 万亩，部分大江大河的防洪能力只能防 20 年一遇的洪水，中小河流防洪标准更低，抗灾能力很弱，从而将对中国粮食稳产和增产造成很大的隐患。

三　高温热害

进入 21 世纪，中国长江中下游、华南和西南地区高温日数明显增多（见图 17），以长江中下游为例，20 世纪 60 年代、70 年代、80 年代、90 年代和 2001~2010 年平均高温日数分别为 22.0 天、20.0 天、16.0 天、16.8

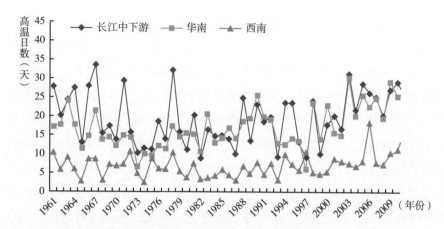

图 17　1961~2010 年长江中下游、华南和西南的高温日数历年变化

天和 24.5 天，2001~2010 年是 20 世纪 60 年代以来平均高温日数最多的 10 年，全国平均高温日数较气候平均值（常年）偏多 28.0%。

　　高温热害对农作物的影响和危害，一般以水稻较为明显，危害敏感期是水稻的开花期至乳熟期。长江流域稻作区是中国最大的稻作带，总播种面积约占全国稻作面积的 70%，其中近 40% 的稻作面积是一季稻。据统计，长江流域在 1966 年、1967 年、1978 年、1994 年和 2003 年均发生了严重的高温热害，其中 2003 年是该地区史上最严重的热害发生年，长江流域受害面积达 $3.0 \times 10^7 hm^2$，损失稻谷达 5.18×10^7 吨，经济损失近百亿元。

　　从高温热害发生的区域来看，1961~2010 年长江以南单季稻区孕穗期至灌浆期的高温热害发生频次大于长江以北地区，其中江西、湖南东南部、浙江西南部发生频次最多，平均每年发生 4~6 次；江苏、湖北北部和湖南西部平均每年发生 1~2 次。从年代际变化来看，20 世纪 90 年代与 80 年代相比，长江以北单季稻开花期高温热害发生的频率增大，但强度减小；长江以南大部分早稻开花期高温热害频率和强度均呈增大趋势；华南大部分早稻生长关键期高温热害频率和强度减小的幅度相对较大；四川平原大部分一季稻生长关键期高温热害频率和强度无明显变化。相比 20 世纪 80 年代和 90 年代，21 世纪以来高温热害发生的频次明显增多，强度有所增加，其中浙江、安徽和江西的部分地区强度增幅较大。

四　东北低温

夏季低温冷害是东北地区最严重的气象灾害之一。1993 年、1998 年、2001 年和 2003 年 7 月份东北地区东部出现的阶段性严重低温天气使多数县市减产 40% 左右，部分乡镇绝产。通常，当日均气温低于 18℃时，农作物生长发育就会受到一定的不利影响。7 月，东北大部地区一季稻处于孕穗期，当日均气温低于 17℃时，会发生障碍型冷害；8 月，东北大部地区一季稻处于抽穗开花期，当日均气温低于 19℃时，会发生障碍型冷害（《中华人民共和国气象行业标准·水稻、玉米冷害等级》）。在此，分析 6 月份日均气温低于 18℃的低温日数，7 月份日均气温低于 17℃的低温日数和 8 月份日均气温低于 19℃的低温日数。

（一）6 月份日均气温低于 18℃的低温日数

1961~2010 年东北三省 6 月份低温日数呈减少趋势（见图 18）。黑龙江省、吉林省和辽宁省常年日均气温低于 18℃的日数分别为 13.3 天、11.3 天和 5.0 天，2001~2010 年低温日数分别为 10.3 天、9.2 天和 4.1 天，较常年分别减少 3.0 天、2.1 天和 0.9 天。1961~2010 年 6 月份黑龙江省、吉林省和辽宁省的低温日数呈减少趋势，分别减少 3.9 天、4.4 天和 3.4 天。

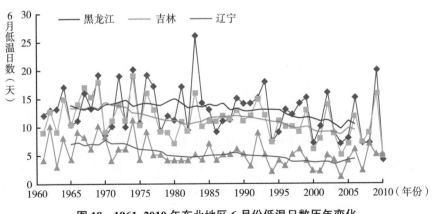

图 18　1961~2010 年东北地区 6 月份低温日数历年变化

（二）7 月份日均气温低于 17℃的低温日数

1961~2010 年东北三省 7 月份低温日数变化趋势不明显（见图 19）。黑龙江省、吉林省和辽宁省常年日均气温低于 17℃的日数分别为 4.3 天、7.1 天和 0.1 天，2001~2010 年三省低温日数分别为 4.1 天、6.1 天和 0.1 天，较常年分别减少 0.2 天、1.0 天和 0.0 天。

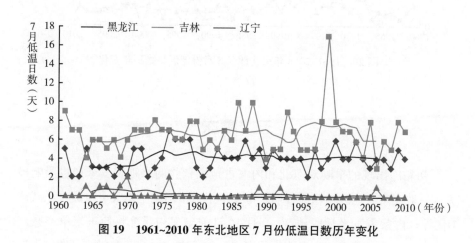

图 19　1961~2010 年东北地区 7 月份低温日数历年变化

（三）8 月份日均气温低于 19℃的低温日数

1961~2010 年东北三省 8 月份低温日数变化呈明显减少趋势（见图 20）。1971~1980 年黑龙江省、吉林省和辽宁省日均气温低于 19℃的日数分别为 15.2 天、10.6 天和 3.5 天，2001~2010 年三省的日均气温低于 19℃的日数分别为 11.4 天、7.9 天和 2.4 天，分别减少 3.8 天、2.7 天和 1.1 天。总体而言，8 月份黑龙江省低温日数较多，吉林省次之，吉林省和黑龙江省的低温日数减少幅度都较大。

随着气候变暖，东北地区夏季低温日数呈减少趋势，特别是 20 世纪 90 年代以来低温日数减少趋势非常明显，其中 6 月份和 8 月份的减少幅度较大，低温日数持续减少对农业生产有利。

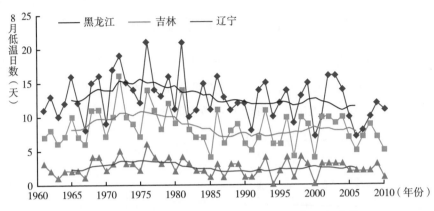

图20 1961~2010年东北地区8月份低温日数历年变化

五 霜冻

初霜冻出现的早晚对东北和内蒙古地区秋收的水稻和玉米产量影响极大，一般在东北地区初霜冻日期异常年份里，平均偏早1天可造成水稻减产1亿斤；内蒙古玉米秋收地区，9月10日前出现初霜冻将使玉米单产减产20%，9月15日前出现初霜冻将使玉米单产减产10%。若初霜冻日期较常年偏晚1天将使玉米单产增产10%。在新疆、甘肃和宁夏等地，初霜冻较常年异常偏早将严重威胁到玉米、马铃薯和棉花等秋收作物的产量。

1961~2010年全国平均初霜日期呈推迟趋势，终霜日呈提早趋势，无霜期呈延长趋势，其中初霜日推迟趋势为2.4d/10a（见图21）。20世纪60~80年代全国平均初霜日变化不大，但90年代之后初霜日明显推迟；其中21世纪以来全国平均初霜日较20世纪80年代推迟5天左右。20世纪60~70年代全国平均终霜日变化不大，但从80年代起全国平均终霜日呈明显提早趋势，其中21世纪以来全国平均终霜日较20世纪70年代提早9天左右。

1961~2010年，无论从整个东北地区还是分省区来看，初霜日均呈现较明显的偏晚趋势，整体偏晚趋势为1.6d/10a，平均初霜日延后7~9d，无霜期延长了14~21d。黑龙江省初霜日偏晚的趋势为1.3d/10a，平均推迟7.2d；吉

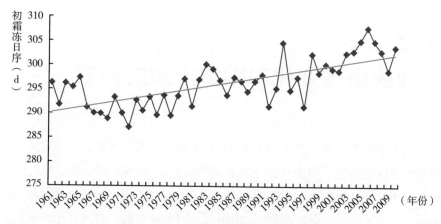

图21 1961~2010 年全国平均初霜冻日序

林省初霜日偏晚的趋势为 1.9d/10a，平均推迟 8.7d，辽宁省初霜日偏晚的趋势为 2.1d/10a，内蒙古东北部为 1.2d/10a。

北方冬麦区终霜日呈提前趋势，其气候倾向率为 2.3d/10a；终霜日自 90 年代初期以后明显提前，特别是在 21 世纪初期这种提前趋势更加显著。终霜日变化的突变点为 1991 年，突变前终霜日较多年平均偏晚约 2.0d；突变后终霜日较多年平均偏早 3.8d，90 年代后终霜日提前的气候倾向率为 4.9d/10a。

B.5
农业病虫害变化对粮食产量的影响

　　农业病虫害是中国主要的农业自然灾害之一，具有种类多、影响大且时常暴发成灾的特点。据统计，全国农作物病虫害近 1600 种，其中可造成严重危害的在 100 种以上，重大流行性、迁飞性病虫害有 20 多种。在此，基于全国农区 527 个气象站点 1961~2010 年逐日气象资料、全国农作物病虫害发生危害、种植面积、产量逐年资料，评估气候变化对农业病虫害变化及其对粮食生产的影响。

一　农业病虫害变化

　　1961~2010 年，气候变化导致的农区温度、降水、日照等气象因子变化总体有利于全国农业病虫害发生面积扩大，危害程度加剧（见图 1、图 2、图 3）。全国病虫害发生面积由 1961 年的 0.58 亿 hm² 次增加到 2010 年的 3.70

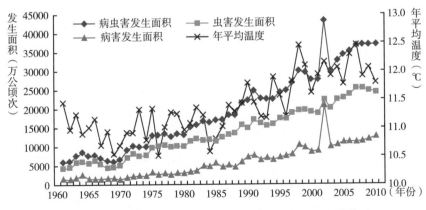

图 1　全国病虫害、虫害、病害发生面积与年平均温度的关系

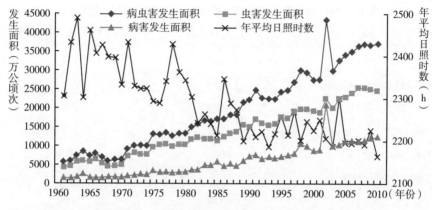

图 2　全国病虫害、虫害、病害发生面积与年平均日照时数的关系

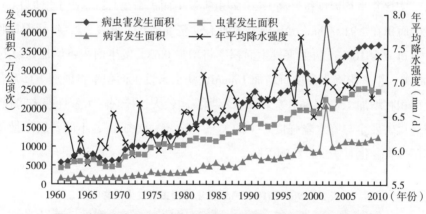

图 3　全国病虫害、虫害、病害发生面积与年均降水强度的关系

亿 hm² 次，增加 5.38 倍。

1961~2010 年，全国农区年平均温度、年平均降水强度分别以 0.27℃/10a 和 0.24mm/d/10a 的速率增加，年平均日照时数以 47.40h/10a 的速率减少；年降水量呈微弱增加趋势，增加速率为 0.14mm/10a；病虫害发生面积率以 0.43/10a 的速率增加（见表 1）。

表 1　1961~2010 年全国农区气候变化与病虫害变化的统计事实

统计项目	50 年平均值	增减速率（/10a）
年平均温度（℃）	11.4	0.27
年平均降水量（mm）	816.6	0.24
年平均降水日数（d）	159.4	−7.54
年平均降水强度（mm/d）	6.58	0.14
年平均日照时数（h）	2287.3	−47.40
年病虫害发生面积率	1.28	0.43
年病害发生面积率	0.38	0.15
年虫害发生面积率	0.90	0.27

　　农区年平均温度每升高 1℃，病虫害发生面积率在 1.28 基础上增加 1.05，发生面积在 1.91 亿 hm^2 次基础上增加 1.57 亿 hm^2 次（见表 2）；年平均日照时数每减少 100h，病虫害发生面积率将增加 0.63，发生面积将增加 0.94 亿 hm^2 次；年平均降水强度每增加 1mm/d，病虫害发生面积率将增加 1.15，发生面积将增加 1.72 亿 hm^2 次。降水年际波动较大，极端降水事件趋多趋强，但病虫害发生与降水量强度距平的关系不显著（见图 4）；不同等级雨量及其雨日数变化对病虫害影响不同。

表 2　1961~2010 年气候变化对病虫害发生的影响

气象因子增减量	统计项目	病虫害发生	
		面积率	面积（亿 hm^2 次）
	基数	1.28	1.91
年平均温度增加 1℃	增加值	1.05	1.57
	合计	2.33	3.48
年平均降水强度增加 1mm/d	增加值	1.15	1.72
	合计	2.43	3.63
年平均日照时数减少 100h	增加值	0.63	0.94
	合计	1.91	2.85

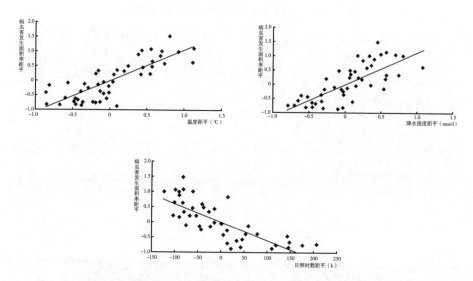

图 4　全国病虫害发生面积率距平与农区温度、降水强度、日照时数距平的相关关系

（一）农业病害变化

1961~2010 年，气候变化导致的农区温度、降水、日照等气象因子变化总体有利于全国农业病害发生面积扩大，危害程度加剧。全国病害发生面积由 1961 年的 0.15 亿 hm^2 次增至 2010 年的 1.24 亿 hm^2 次，增加 7.27 倍。

1961~2010 年，全国农区年平均温度每升高 1℃，病害发生面积率在 0.38 基础上增加 0.41，发生面积在 5648.5 万 hm^2 次基础上增加 6094.4 万 hm^2 次（见表 3）；年平均降水强度每增加 1mm/d，病害发生面积率将增加 0.44，病害发生面积将增加 6540.4 万 hm^2 次；年平均日照时数每减少 100h，病害发生面积率将增加 0.23，发生面积将增加 3418.8 万 hm^2 次。全国农区病害发生面积率距平与农区平均温度、降水强度和日照时数距平等的相关关系如图 5 所示。

表3 1961~2010年气候变化对病害发生的影响

气象因子增减量	统计项目	病害发生	
		面积率	面积（万 hm² 次）
	基数	0.38	5648.5
年平均温度增加 1℃	增加值	0.41	6094.4
	合计	0.79	11742.9
年平均降水强度增加 1mm/d	增加值	0.44	6540.4
	合计	0.82	12188.9
年平均日照时数减少 100h	增加值	0.23	3418.8
	合计	0.61	9067.3

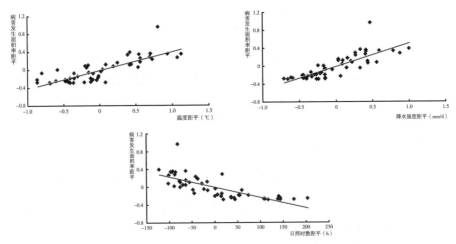

图5 全国病害发生面积率距平与农区温度、降水强度、日照时数距平的相关关系

（二）农业虫害变化

1961~2010 年，气候变化导致的农区温度、降水、日照等气象因子变化总体有利于全国农区虫害发生面积扩大，危害程度加剧；全国虫害发生面积由 1961 年的 0.43 亿 hm² 次增至 2010 年的 2.46 亿 hm² 次，增加 4.72 倍。

1961~2010 年，全国农区年平均温度每升高 1℃，虫害发生面积率在 0.90 基础上增加 0.65，发生面积在 1.34 亿 hm² 次基础上增加 0.96 亿 hm² 次；

年平均降水强度每增加 1mm/d，虫害发生面积率将增加 0.71，发生面积将增加 1.06 亿 hm² 次；年平均日照时数每减少 100h，虫害发生面积率将增加 0.40，发生面积将增加 0.59 亿 hm² 次（见表 4）。全国虫害发生面积率距平与农区温度、降水强度和日照对数距平的相关关系如图 6 所示。

表 4　1961~2010 年气候变化对虫害发生的影响

气象因子增减量	统计项目	虫害发生	
		面积率	面积（亿 hm² 次）
	基数	0.90	1.34
年平均温度增加 1℃	增加值	0.65	0.96
	合计	1.55	2.30
年平均降水强度增加 1mm/d	增加值	0.71	1.06
	合计	1.61	2.40
年平均日照时数减少 100h	增加值	0.40	0.59
	合计	1.30	1.93

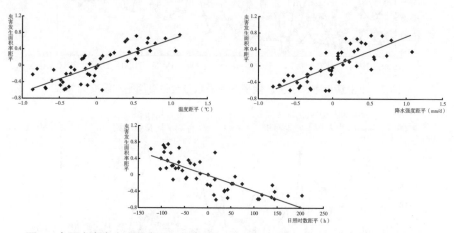

图 6　全国虫害发生面积率距平与农区温度、降水强度、日照时数距平的相关关系

气候变化背景下，年平均温度每升高 1℃，病虫害发生面积将增加 1.57 亿 hm² 次；年平均降水强度每增加 1mm/d，病虫害发生面积将增加 1.72 亿 hm² 次；年平均日照时数每减少 100h，病虫害发生面积将增加 0.94 亿 hm² 次。

二　粮食作物病虫害变化

（一）小麦

1961~2010 年，气候变化导致的麦区温度、降水、日照等气象因子变化总体有利于全国小麦病虫害发生面积扩大（见图 7、图 8、图 9）。全国小麦病虫害发生面积由 1961 年的 0.198 亿 hm² 次增加到 2010 年的 0.694 亿 hm² 次，增加 2.51 倍；病害由 0.086 亿 hm² 次增至 0.313 亿 hm² 次，增加 2.64 倍；虫害由 0.112 亿 hm² 次增至 0.381 亿 hm² 次，增加 2.40 倍。

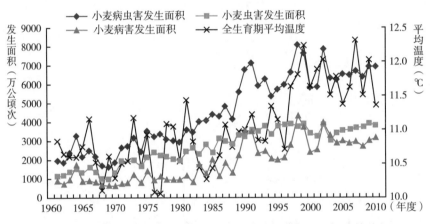

图 7　小麦病虫害、虫害、病害发生面积与全生育期平均温度的关系

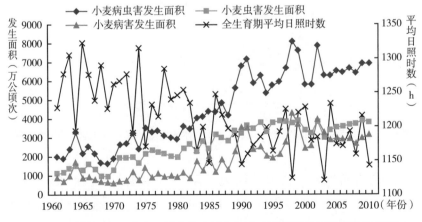

图 8　小麦病虫害、虫害、病害发生面积与全生育期平均日照时数的关系

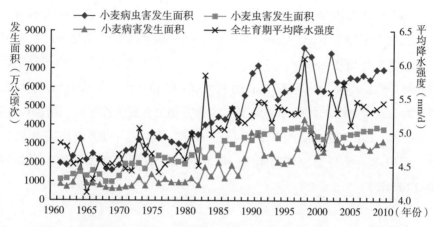

图9 小麦病虫害、虫害、病害发生面积与全生育期平均降水强度的关系

1. 小麦全生育期

小麦全生育期平均温度为 11.0℃，从 20 世纪 60 年代开始呈逐年代增加，增加速率为 0.29℃/10a（见表5），2001~2010 年较 60 年代增加了 1.13℃；平均降水强度为 5.0mm/d，从 60 年代开始呈逐年代增加，增加速率为 0.21mm/d/10a，2001~2010 年较 60 年代增加了 0.79mm/d；平均日照时数为 1214.0 小时，从 60 年代开始呈逐年代减少，减少速率为 21.80h/10a，2001~2010 年较 60 年代减少了 84.16 小时。

表5 1961~2010 年全国麦区气候变化与小麦病虫害变化的关系

	全生育期		3~5 月	
	平均值	增减速率（/10a）	平均值	增减速率（/10a）
平均温度（℃）	11.0	+0.29	12.1	+0.25
平均降水量（mm）	291.3	+0.17	201.6	
平均降水日数（d）	55.8	-2.07	29.3	-0.53
平均降水强度（mm/d）	5.0	+0.21	5.6	+0.16
平均日照时数（h）	1214.0	-21.80	600.4	-7.66
病虫害发生面积率	1.70	+0.49		
病害发生面积率	0.70	+0.24		
虫害发生面积率	1.00	+0.25		

小麦全生育期平均温度每增加 1℃，将导致小麦病虫害、病害和虫害发生面积分别增加 0.285 亿 hm² 次、0.153 亿 hm² 次和 0.132 亿 hm² 次；平均降水强度每增加 1mm/d，将使小麦病虫害、病害和虫害发生面积分别增加 0.353 亿 hm² 次、0.189 亿 hm² 次和 0.164 亿 hm² 次（见表 6）；平均日照时数每减少 100h，将使小麦病虫害、病害和虫害发生面积分别增加 0.275 亿 hm² 次、0.153 亿 hm² 次和 0.124 亿 hm² 次。小麦病虫害、病害和虫害发生面积率距平与全生育期温度、降水强度、日照时数距平的关系如图 10~12 所示。

表 6　1961~2010 年气候变化对小麦病虫害发生的影响

气象因子增减量	生育时段	统计项目	病虫害发生		病害发生		虫害发生	
			面积率	面积（亿 hm² 次）	面积率	面积（亿 hm² 次）	面积率	面积（亿 hm² 次）
		基数	1.70	0.456	0.70	0.187	1.00	0.269
平均温度增加 1℃	全生育期	增加值	1.06	0.285	0.57	0.153	0.49	0.132
		合计		0.741		0.340		0.401
	3~5 月	增加值	0.78	0.210	0.43	0.116	0.35	0.094
		合计		0.666		0.303		0.363
平均降水强度增加 1mm/d	全生育期	增加值	1.31	0.353	0.70	0.189	0.61	0.164
		合计		0.809		0.376		0.433
	3~5 月	增加值	0.93	0.250	0.55	0.147	0.38	0.103
		合计		0.706		0.334		0.372
平均日照时数减少 100h	全生育期	增加值	1.02	0.275	0.57	0.153	0.46	0.124
		合计		0.731		0.340		0.393
	3~5 月	增加值	1.47	0.396	0.80	0.215	0.67	0.181
		合计		0.852		0.402		0.450

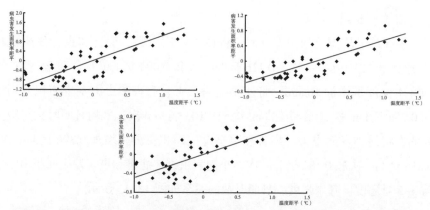

图 10　小麦病虫害、病害和虫害发生面积率距平与全生育期温度距平的关系

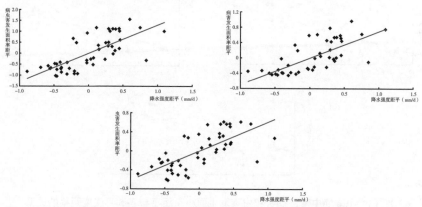

图 11　小麦病虫害、病害和虫害发生面积率距平与全生育期降水强度距平的关系

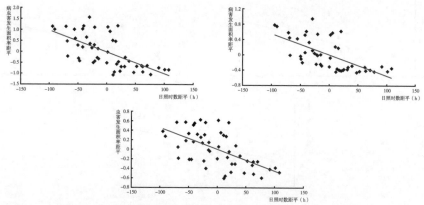

图 12　小麦病虫害、病害和虫害发生面积率距平与全生育期日照时数距平的关系

2.3 ~ 5 月

3~5月平均温度每升高1℃，将使小麦病虫害、病害和虫害发生面积分别增加0.210亿hm²次、0.116亿hm²次和0.094亿hm²次（见表6）；平均降水强度每增加1mm/d，将使小麦病虫害、病害和虫害发生面积分别增加0.250亿hm²次、0.147亿hm²次和0.103亿hm²次；平均日照时数每减少100h，将使小麦病虫害、病害和虫害发生面积将分别增加0.396亿hm²次、0.215亿hm²次和0.181亿hm²次。小麦病虫害、病害和虫害发生面积率距平与3~5月温度、降水强度、日照时数的关系如图13~15所示。

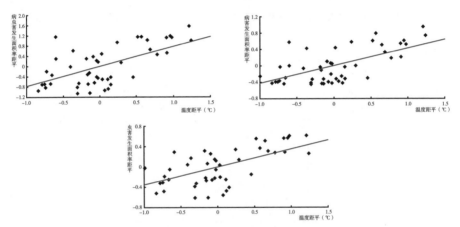

图13　小麦病虫害、病害和虫害发生面积率距平与3~5月温度距平的关系

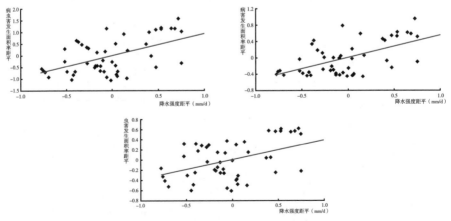

图14　小麦病虫害、病害和虫害发生面积率距平与3~5月降水强度距平的关系

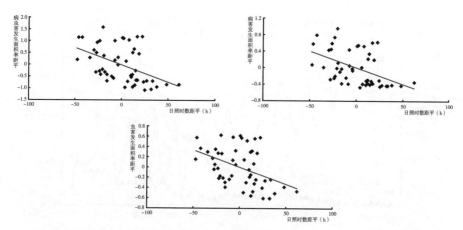

图15 小麦病虫害、病害和虫害发生面积率距平与3~5月日照时数距平的关系

（二）玉米

1961~2010年，气候变化导致的玉米区温度、降水、日照等气象因子变化总体有利于全国玉米病虫害发生面积扩大，全国玉米病虫害发生面积由1961年的0.063亿 hm^2 次增加到2010年的0.679亿 hm^2 次，增加9.78倍；病害由0.006亿 hm^2 次增至0.203亿 hm^2 次，增加32.83倍；虫害由0.057亿 hm^2 次增至0.476亿 hm^2 次，增加7.35倍（见图16~18）。

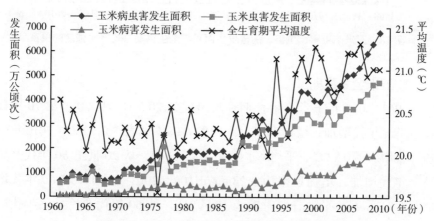

图16 玉米病虫害、虫害、病害发生面积与全生育期平均温度的关系

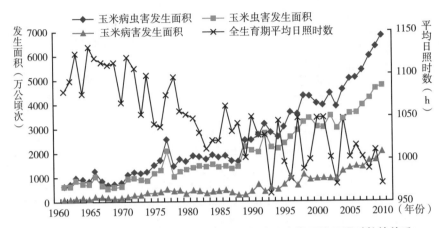

图 17　玉米病虫害、虫害、病害发生面积与全生育期平均日照时数的关系

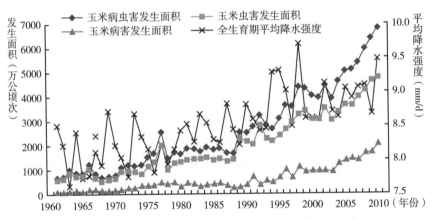

图 18　玉米病虫害、虫害、病害发生面积与全生育期平均降水强度的关系

1. 玉米全生育期

1961~2010 年玉米全生育期平均温度为 20.5℃，从 20 世纪 70 年代开始呈逐年代增加，增加速率为 0.18℃/10a（见表 7），2001~2010 年较 70 年代增加了 0.82℃；平均降水强度为 8.5mm/d，从 20 世纪 60 年代开始呈逐年代增加，增加速率为 0.23mm/d/10a，2001~2010 年较 60 年代增加了 0.81mm/d；平均日照时数为 1044.91h，从 60 年代开始呈逐年代减少，减少速率为 25.18h/10a，2001~2010 年较 60 年代减少了 97.04h。

表7　1961~2010年全国玉米区气候变化与玉米病虫害变化的关系

	全生育期		5~8月	
	平均值	增减速率（/10a）	平均值	增减速率（/10a）
平均温度（℃）	20.50	+0.18	21.62	+0.16
平均降水量（mm）	579.61	—	498.4	—
平均降水日数（d）	62.53	−1.66	51.07	−1.10
平均降水强度（mm/d）	8.51	+0.23	9.12	+0.25
平均日照时数（h）	1044.91	−25.18	883.11	−23.28
平均极端最高温度（℃）	34.87	+0.14		
平均最热月均温（℃）	23.36	+0.13		
平均小雨雨量（mm）	120.16	−1.84		
平均中雨雨量（mm）	165.03	−2.07		
平均小雨雨日数（d）	45.89	−1.56		
平均中雨雨日数（d）	10.41	−0.13		
病虫害发生面积率	1.13	+0.32		
病害发生面积率	0.25	+0.09		
虫害发生面积率	0.88	+0.23		

　　1961~2010年，玉米全生育期平均温度每增加1℃，使玉米病虫害、病害、虫害发生面积分别增加0.176亿hm²次、0.054亿hm²次、0.122亿hm²次（见表8）；平均降水强度每增加1mm/d，使玉米病虫害、病害、虫害发生面积分别增加0.151亿hm²次、0.045亿hm²次、0.106亿hm²次；平均日照时数每减少100h，使玉米病虫害、病害、虫害发生面积分别增加0.174亿hm²次、0.050亿hm²次、0.124亿hm²次。极端最高温度每升高1℃，使玉米病虫害、病害、虫害发生面积分别增加0.087亿hm²次、0.027亿hm²次、0.060亿hm²次。最热月平均温度每升高1℃，使玉米病虫害、病害、虫害发生面积分别增加0.128亿hm²次、0.041亿hm²次、0.087亿hm²次。平均小雨雨量每减少1mm，使玉米病虫害、病害、虫害发生面积分别增加0.010亿hm²次、0.002亿hm²次、0.008亿hm²次；平均小雨雨日数每减少1d，使玉米病虫害、病害、虫害发生面积分别增加0.029亿hm²次、0.008亿hm²次、0.021亿hm²次；平均中雨雨量每减少1mm，使玉米病虫害、病害、虫害发生面积分别增加0.006亿hm²次、0.002亿hm²次、0.004亿hm²次；平均中雨雨日数每减少1d，使玉米病虫害、病害、虫害发生面积分别增加0.075亿hm²次、0.021亿hm²次、0.054亿hm²次。其相关关系如图19~27所示。

表 8　1961~2010 年气候变化对玉米病虫害发生的影响

气象因子增减量	生育时段	统计项目	病虫害发生		病害发生		虫害发生	
			面积率	面积（亿 hm² 次）	面积率	面积（亿 hm² 次）	面积率	面积（亿 hm² 次）
		基数	1.13	0.256	0.25	0.058	0.88	0.198
平均温度增加 1℃	全生育期	增加值	0.85	0.176	0.26	0.054	0.59	0.122
		合计		0.432		0.112		0.320
	5~8 月	增加值	0.78	0.162	0.25	0.052	0.53	0.110
		合计		0.422		0.110		0.308
平均降水强度增加 1mm/d	全生育期	增加值	0.73	0.151	0.22	0.045	0.51	0.106
		合计		0.407		0.103		0.433
	5~8 月	增加值	0.69	0.143	0.21	0.044	0.48	0.099
		合计		0.399		0.102		0.297
平均日照时数减少 100h	全生育期	增加值	0.84	0.174	0.24	0.050	0.60	0.124
		合计		0.430		0.108		0.322
	5~8 月	增加值	0.95	0.198	0.27	0.056	0.68	0.141
		合计		0.454		0.114		0.339
平均极端最高温度增加 1℃	全生育期	增加值	0.42	0.087	0.13	0.027	0.29	0.060
		合计		0.343		0.085		0.258
平均最热月均温增加 1℃	全生育期	增加值	0.62	0.128	0.20	0.041	0.42	0.087
		合计		0.384		0.099		0.285
平均小雨雨量减少 1mm	全生育期	增加值	0.05	0.010	0.01	0.002	0.04	0.008
		合计		0.266		0.060		0.206
平均小雨雨日数减少 1d	全生育期	增加值	0.14	0.029	0.04	0.008	0.10	0.021
		合计		0.285		0.066		0.219
平均中雨雨量减少 1mm	全生育期	增加值	0.03	0.006	0.01	0.002	0.02	0.004
		合计		0.262		0.060		0.202
平均中雨雨日数减少 1d	全生育期	增加值	0.36	0.075	0.10	0.021	0.26	0.054
		合计		0.331		0.077		0.252

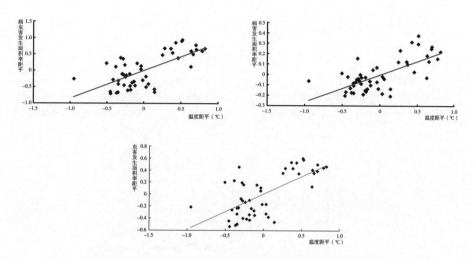

图19 玉米病虫害、病害、虫害发生面积率距平与全生育期温度距平的关系

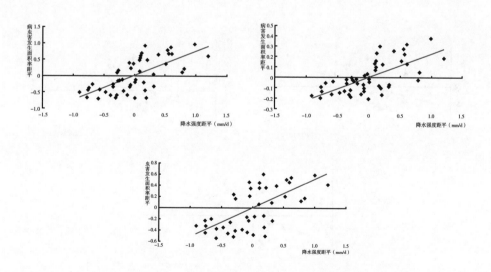

图20 玉米病虫害、病害、虫害发生面积率距平与全生育期降水强度距平的关系

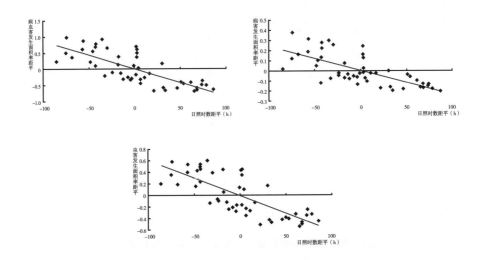

图21　玉米病虫害、病害、虫害发生面积率距平与全生育期日照时数距平的关系

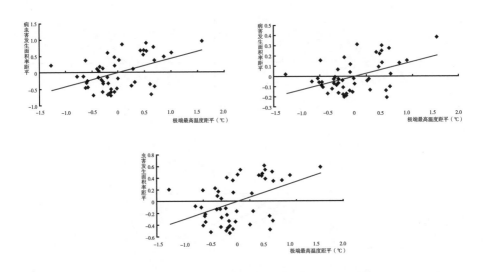

图22　玉米病虫害、病害、虫害发生面积率距平与全生育期极端最高温度距平的关系

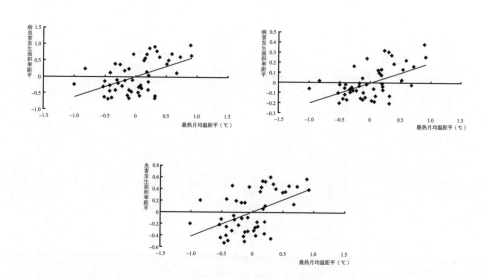

图 23　玉米病虫害、病害、虫害发生面积率距平与全生育期最热月均温距平的关系

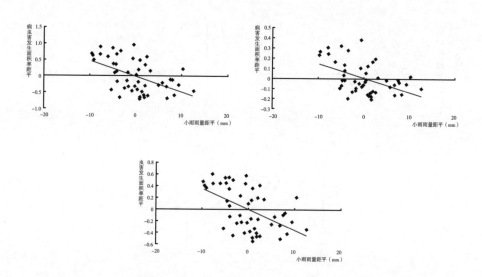

图 24　玉米病虫害、病害、虫害发生面积率距平与全生育期小雨雨量距平的关系

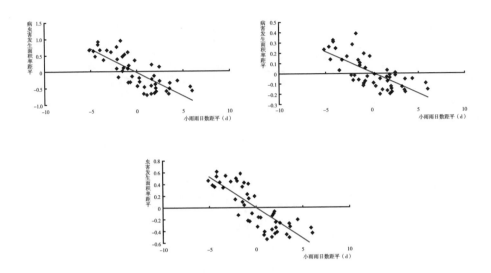

图25 玉米病虫害、病害、虫害发生面积率距平与全生育期小雨雨日数距平的关系

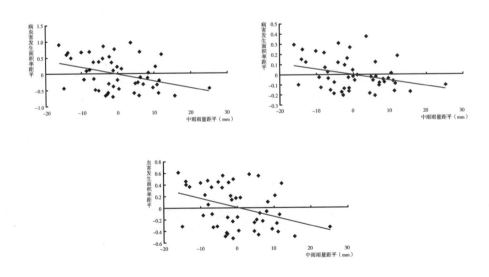

图26 玉米病虫害、病害、虫害发生面积率距平与全生育期中雨雨量距平的关系

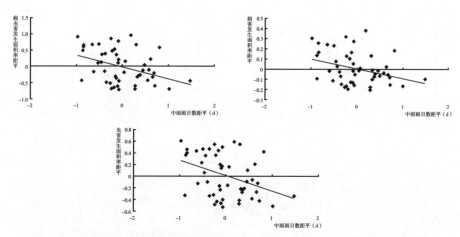

图27 玉米病虫害、病害、虫害发生面积率距平与全生育期中雨雨日数距平的关系

2. 5~8月

1961~2010年期间的5~8月，平均温度每升高1℃，使玉米病虫害、病害、虫害发生面积分别增加0.162亿 hm² 次、0.052亿 hm² 次、0.110亿 hm² 次（见表8）；平均降水强度每增加1mm/d，使玉米病虫害、病害、虫害发生面积分别增加0.143亿 hm² 次、0.044亿 hm² 次、0.099亿 hm² 次；平均日照时数每减少100h，使玉米病虫害、病害、虫害发生面积将分别增加0.198亿 hm² 次、0.056亿 hm² 次、0.141亿 hm² 次。玉米病虫害、病害、虫害发生面积率距平与5~8月平均温度距平、降水强度距平、日照时数距平关系如图28~30所示。

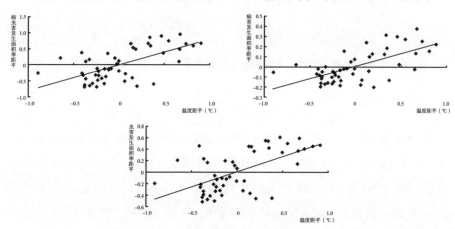

图28 玉米病虫害、病害、虫害发生面积率距平与5~8月温度距平的关系

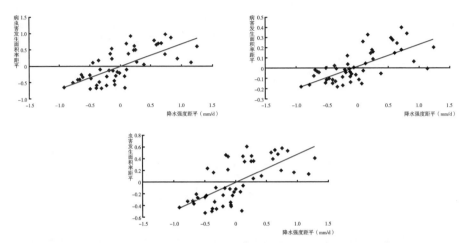

图 29　玉米病虫害、病害、虫害发生面积率距平与 5~8 月降水强度距平的关系

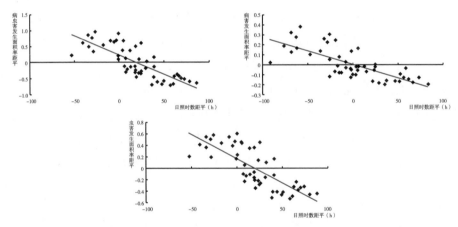

图 30　玉米病虫害、病害、虫害发生面积率距平与 5~8 月日照时数距平的关系

（三）水稻

1961~2010 年，气候变化导致的稻区温度、降水、日照等气象因子变化总体有利于全国水稻病虫害发生面积扩大（见图 31~33）；全国水稻病虫害发生面积由 1961 年的 0.117 亿 hm² 次增加到 2010 年的 1.130 亿 hm² 次，增加 8.66 倍；病害由 0.018 亿 hm² 次增至 0.328 亿 hm² 次，增加 17.22 倍；虫害由 0.099 亿 hm² 次增至 0.802 亿 hm² 次，增加 7.10 倍。

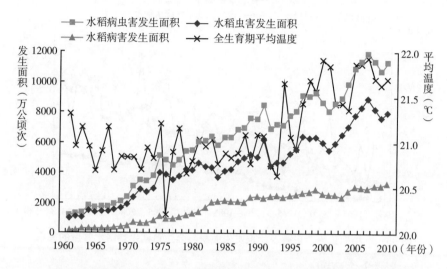

图31　水稻病虫害、虫害、病害发生面积与全生育期平均温度的关系

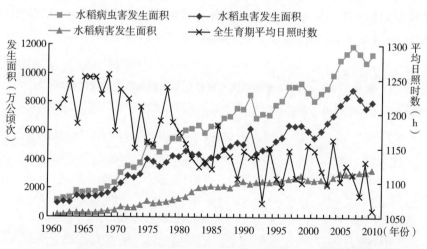

图32　水稻病虫害、虫害、病害发生面积与全生育期平均日照时数的关系

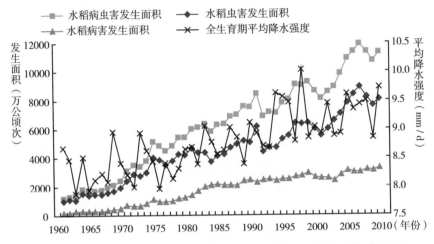

图 33 水稻病虫害、虫害、病害发生面积与全生育期平均降水强度的关系

1. 水稻全生育期

1961~2010 年，水稻全生育期平均温度为 21.13℃，从 20 世纪 70 年代开始呈逐年代增加，增加速率为 0.18℃/10a，2001~2010 年较 70 年代增加了 0.80℃；平均降水强度为 8.78mm/d，从 60 年代开始呈逐年代增加，增加速率为 0.26mm/d/10a，2001~2010 年较 60 年代增加了 0.94mm/d；平均日照时数为 1157.87h，从 60 年代开始呈逐年代减少，减少速率为 29.73h/10a，2001~2010 年较 60 年代减少了 115.68h（见表 9）。

表 9　1961~2010 年全国稻区气候变化与水稻病虫害变化的关系

指标 \ 项目	全生育期		6~8 月	
	平均值	增减速率（/10a）	平均值	增减速率（/10a）
平均温度（℃）	21.13	+0.18	23.53	+0.15
平均降水量（mm）	706.39	−1.74	422.36	+3.49
平均降水日数（d）	73.26	−2.46	39.78	−0.99
平均降水强度（mm/d）	8.78	+0.26	10.08	+0.31
平均日照时数（h）	1157.87	−29.73	652.69	−20.79
平均极端最高温度（℃）	35.44	+0.13		
平均最热月均温（℃）	24.07	+0.12		

续表

指标 ＼ 项目	全生育期		6~8 月	
	平均值	增减速率（/10a）	平均值	增减速率（/10a）
平均风速（m/s）	2.36	−0.10		
平均小雨雨量（mm）	138.53	−2.95		
平均中雨雨量（mm）	198.78	−3.19		
平均小雨雨日数（d）	53.01	−2.29		
平均中雨雨日数（d）	12.48	−0.20		
病虫害发生面积率	2.01	+0.73		
病害发生面积率	0.56	+0.23		
虫害发生面积率	1.45	+0.50		

1961~2010 年，水稻全生育期平均温度每增加 1℃，使水稻病虫害、病害、虫害发生面积分别增加 0.594 亿 hm² 次、0.176 亿 hm² 次、0.418 亿 hm² 次（见表 10）；平均降水强度每增加 1mm/d，使水稻病虫害、病害、虫害发生面积分别增加 0.499 亿 hm² 次、0.163 亿 hm² 次、0.336 亿 hm² 次；平均日照时数每减少 100h，使水稻病虫害、病害、虫害发生面积分别增加 0.534 亿 hm² 次、0.176 亿 hm² 次、0.358 亿 hm² 次；平均极端最高温度每升高 1℃，使水稻病虫害、病害、虫害发生面积分别增加 0.242 亿 hm² 次、0.063 亿 hm² 次、0.179 亿 hm² 次；最热月平均温度每升高 1℃，使水稻病虫害、病害、虫害发生面积分别增加 0.402 亿 hm² 次、0.116 亿 hm² 次、0.286 亿 hm² 次；平均风速每减小 1m/s，使水稻病虫害、病害、虫害发生面积分别增加 1.746 亿 hm² 次、0.578 亿 hm² 次、1.168 亿 hm² 次；平均小雨雨量每减少 1mm，使水稻病虫害、病害、虫害发生面积分别增加 0.031 亿 hm² 次、0.009 亿 hm² 次、0.022 亿 hm² 次；平均小雨雨日数每减少 1d，使水稻病虫害、病害、虫害发生面积分别增加 0.079 亿 hm² 次、0.025 亿 hm² 次、0.054 亿 hm² 次；平均中雨雨量每减少 1mm，使水稻病虫害、病害、虫害发生面积分别增加 0.013 亿 hm² 次、0.003 亿 hm² 次、0.010 亿 hm² 次；平均中雨雨日数每减少 1d，使水稻病虫害、病害、虫害

发生面积分别增加 0.223 亿 hm² 次、0.066 亿 hm² 次、0.157 亿 hm² 次。水稻病虫害、病害、虫害发生面积率距平与全生育期温度距平、降水强度距平、日照时数距平等的相关关系如图 34~43 所示。

表 10　1961~2010 年气候变化对水稻病虫害发生的影响

气象因子增减量	生育时段	统计项目	病虫害发生		病害发生		虫害发生	
			面积率	面积（亿 hm² 次）	面积率	面积（亿 hm² 次）	面积率	面积（亿 hm² 次）
		基数	2.01	0.622	0.56	0.174	1.45	0.448
平均温度增加 1℃	全生育期	增加值	1.89	0.594	0.56	0.176	1.33	0.418
		合计		1.216		0.350		0.866
	6~8 月	增加值	1.57	0.493	0.46	0.144	1.11	0.349
		合计		1.115		0.318		0.797
平均降水强度增加 1mm/d	全生育期	增加值	1.59	0.499	0.52	0.163	1.07	0.336
		合计		1.121		0.337		0.784
	6~8 月	增加值	1.15	0.361	0.38	0.119	0.77	0.242
		合计		0.983		0.293		0.690
平均日照时数减少 100h	全生育期	增加值	1.70	0.534	0.56	0.176	1.14	0.358
		合计		1.156		0.350		0.806
	6~8 月	增加值	2.45	0.769	0.80	0.251	1.65	0.518
		合计		1.391		0.425		0.966
平均极端最高温度增加 1℃	全生育期	增加值	0.77	0.242	0.20	0.063	0.57	0.179
		合计		0.864		0.237		0.627
平均最热月均温增加 1℃	全生育期	增加值	1.28	0.402	0.37	0.116	0.91	0.286
		合计		1.024		0.290		0.734
平均风速减小 1m/s	全生育期	增加值	5.56	1.746	1.84	0.578	3.72	1.168
		合计		2.368		0.752		1.656
平均小雨雨量减少 1mm	全生育期	增加值	0.10	0.031	0.03	0.009	0.07	0.022
		合计		0.653		0.183		0.470
平均小雨雨日数减少 1d	全生育期	增加值	0.25	0.079	0.08	0.025	0.17	0.054
		合计		0.701		0.199		0.502
平均中雨雨量减少 1mm	全生育期	增加值	0.04	0.013	0.01	0.003	0.03	0.010
		合计		0.635		0.177		0.458
平均中雨雨日数减少 1d	全生育期	增加值	0.71	0.223	0.21	0.066	0.50	0.157
		合计		0.845		0.250		0.605

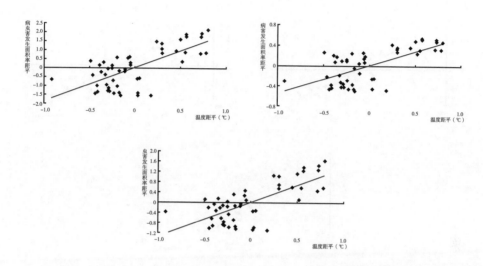

图34 水稻病虫害、病害、虫害发生面积率距平与全生育期温度距平的关系

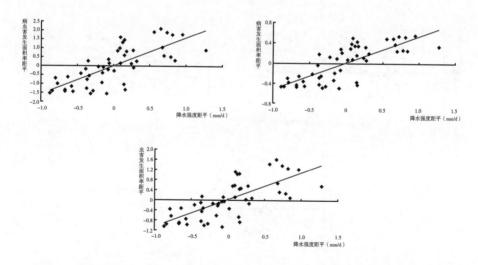

图35 水稻病虫害、病害、虫害发生面积率距平与全生育期降水强度距平的关系

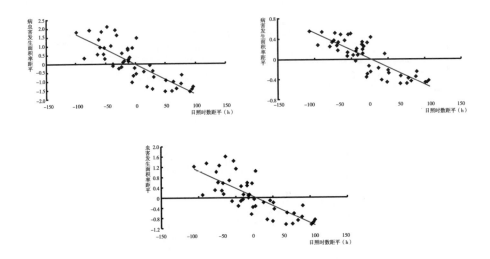

图36 水稻病虫害、病害、虫害发生面积率距平与全生育期日照时数距平的关系

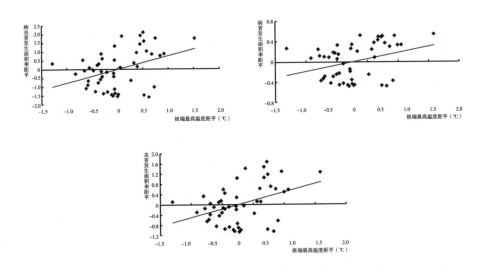

图37 水稻病虫害、病害、虫害发生面积率距平与全生育期极端最高温度距平的关系

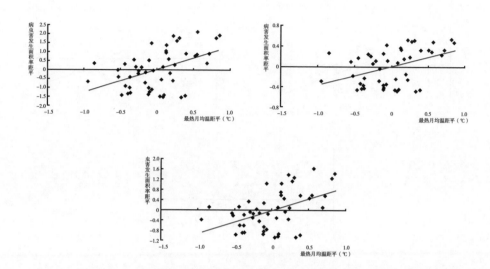

图 38　水稻病虫害、病害、虫害发生面积率距平与全生育期最热月均温距平的关系

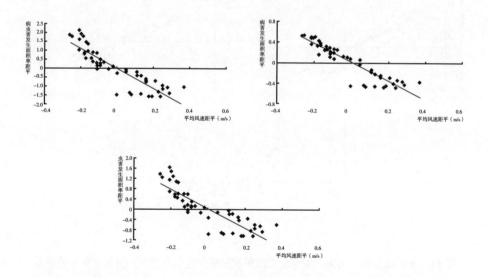

图 39　水稻病虫害、病害、虫害发生面积率距平与全生育期平均风速距平的关系

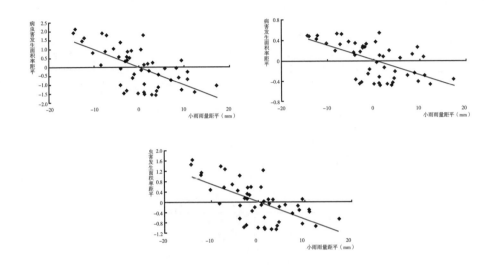

图 40　水稻病虫害、病害、虫害发生面积率距平与全生育期小雨雨量距平的关系

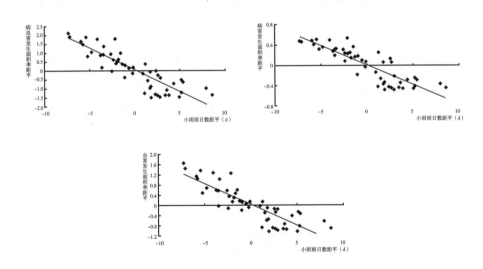

图 41　水稻病虫害、病害、虫害发生面积率距平与全生育期小雨雨日数距平的关系

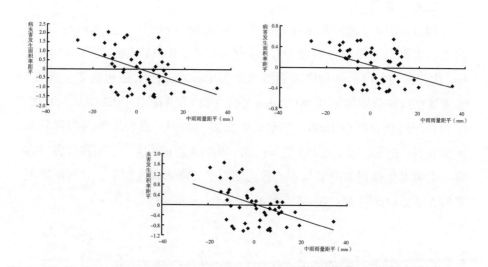

图42　水稻病虫害、病害、虫害发生面积率距平与全生育期中雨雨量距平的关系

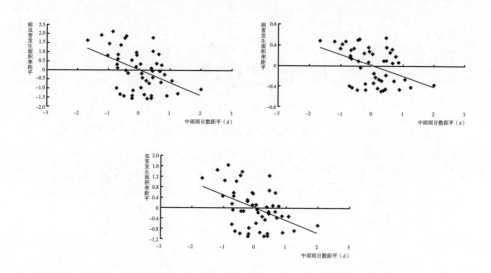

图43　水稻病虫害、病害、虫害发生面积率距平与全生育期中雨雨日数距平的关系

2. 6～8月

1961~2010年期间的6~8月，平均温度每升高1℃，使水稻病虫害、病害、虫害发生面积分别增加0.493亿hm² 次、0.144亿hm² 次、0.349亿hm² 次（见表10）；平均降水强度每增加1mm/d，使水稻病虫害、病害、虫害发生面积分别增加0.361亿hm² 次、0.119亿hm² 次、0.242亿hm² 次；平均日照时数每减少100h，使水稻病虫害、病害、虫害发生面积将分别增加0.769亿hm² 次、0.251亿hm² 次、0.518亿hm² 次。水稻病虫害、病害、虫害发生面积率距平与6~8月温度距平、降水强度距平、日照时数距平的关系分别如图44、图45、图46所示。

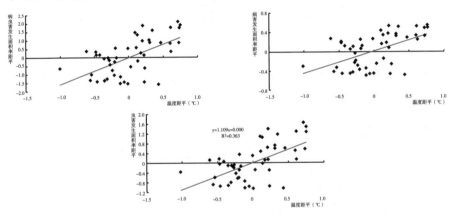

图44　水稻病虫害、病害、虫害发生面积率距平与6~8月温度距平的关系

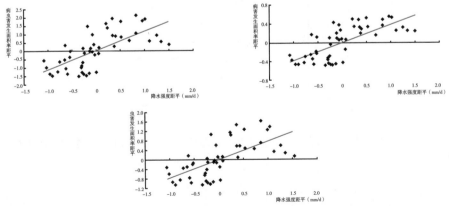

图45　水稻病虫害、病害、虫害发生面积率距平与6~8月降水强度距平的关系

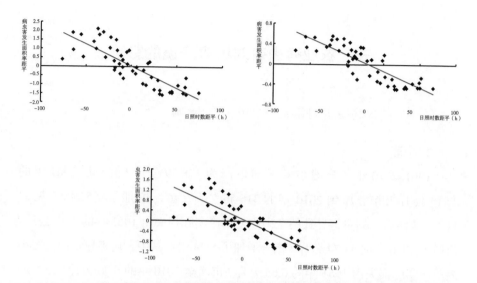

图46 水稻病虫害、病害、虫害发生面积率距平与6~8月日照时数距平的关系

　　总之，气候变化背景下，小麦全生育期平均温度增加1℃，导致小麦病虫害发生面积增加0.285亿hm²次；平均降水强度增加1mm/d，使小麦病虫害发生面积增加0.353亿hm²次；平均日照时数减少100h，使小麦病虫害发生面积增加0.275亿hm²次。玉米全生育期平均温度增加1℃，使玉米病虫害发生面积增加0.176亿hm²次；平均降水强度增加1mm/d，使玉米病虫害发生面积增加0.151亿hm²次；平均日照时数减少100h，使玉米病虫害发生面积增加0.174亿hm²次。水稻全生育期平均温度增加1℃，使水稻病虫害发生面积增加0.594亿hm²次；平均降水强度增加1mm/d，使水稻病虫害发生面积增加0.499亿hm²次；平均日照时数减少100h，使水稻病虫害发生面积增加0.534亿hm²次。

三 农业病虫害对粮食产量的影响

（一）农业病虫害对粮食作物单产的影响

1. 小麦

1961~2010 年，全国小麦平均单产为 178.39 公斤 / 亩，从 1961 年的 37.15 公斤 / 亩增加到 2010 年的 316.56 公斤 / 亩，增加了 7.52 倍（见表 11）。防治后，病虫害导致的全国小麦单产实际损失由 1961 年的 1.27 公斤 / 亩增至 2010 年的 11.74 公斤 / 亩，增加了 8.24 倍；其中，病害导致的全国小麦单产实际损失由 1961 年的 0.65 公斤 / 亩增至 2010 年的 6.90 公斤 / 亩，增加了 9.62 倍；虫害导致的全国小麦单产实际损失由 1961 年的 0.62 公斤 / 亩增至 2010 年的 4.83 公斤 / 亩，增加了 6.79 倍。

1961~2010 年，防治后病虫害导致的全国小麦单产实际损失平均为 5.51 公斤 / 亩，实际损失超过平均值的年份有 23 年，占总年份的 46%；实际损失超过 10 公斤 / 亩的年份有 6 年，占 12%；实际损失超过 15 公斤 / 亩的年份有 1 年，占 2%。病虫害导致的小麦单产实际损失最大值出现在 1990 年，达到 15.25 公斤 / 亩。

1961~2010 年，防治后病害导致的全国小麦单产实际损失平均为 3.13 公斤 / 亩，实际损失超过平均值的年份有 18 年，占总年份的 36%；实际损失超过 5 公斤 / 亩的年份有 11 年，占 22%；实际损失超过 10 公斤 / 亩的年份有 1 年，占 2%。病害导致的小麦单产实际损失最大值出现在 1990 年，达到 12.36 公斤 / 亩。

1961~2010 年，防治后虫害导致的全国小麦单产实际损失平均为 2.39 公斤 / 亩，实际损失超过平均值的年份有 23 年，占总年份的 46%；实际损失超过 5 公斤 / 亩的年份有 2 年，占 4%。虫害导致的小麦单产实际损失最大值出现在 2009 年，达到 7.31 公斤 / 亩。

表 11　1961~2010 年防治后病虫害导致的全国小麦单产实际损失

单位：公斤 / 亩

	1961 年	2010 年	增加倍数	1961~2010 年	
				平均值	最大值
全国小麦单产	37.15	316.56	7.52	178.39	317.47
防治后，病虫害导致的小麦单产实际损失	1.27	11.74	8.24	5.51	15.25
防治后，病害导致的小麦单产实际损失	0.65	6.90	9.62	3.13	12.36
防治后，虫害导致的小麦单产实际损失	0.62	4.83	6.79	2.39	7.31

2. 玉米

1961~2010 年，全国玉米平均单产为 237.78 公斤 / 亩，从 1961 年的 75.91 公斤 / 亩增加到 2010 年的 363.58 公斤 / 亩，增加了 3.79 倍（见表 12）。防治后，病虫害导致全国玉米单产实际损失由 1961 年的 1.55 公斤 / 亩增至 2010 年的 11.02 公斤 / 亩，增加了 6.11 倍；其中，病害导致的全国玉米单产实际损失由 1961 年的 0.21 公斤 / 亩增至 2010 年的 2.64 公斤 / 亩，增加了 11.57 倍；虫害导致的全国玉米单产实际损失由 1961 年的 1.34 公斤 / 亩增至 2010 年的 8.38 公斤 / 亩，增加了 5.25 倍。

表 12　1961~2010 年防治后病虫害导致的全国玉米单产实际损失

单位：公斤 / 亩

	1961 年	2010 年	增加倍数	1961~2010 年	
				平均值	最大值
全国玉米单产	75.91	363.58	3.79	237.78	370.38
防治后，病虫害导致的玉米单产实际损失	1.55	11.02	6.11	4.87	11.02
防治后，病害导致的玉米单产实际损失	0.21	2.64	11.57	1.17	3.59
防治后，虫害导致的玉米单产实际损失	1.34	8.38	5.25	3.70	8.38

1961~2010 年，防治后病虫害导致的全国玉米单产实际损失平均为 4.87 公斤 / 亩，实际损失超过平均值的年份有 23 年，占总年份的 46%；实际损失超过 5 公斤 / 亩的年份有 23 年，占 46%；实际损失超过 10 公斤 / 亩的年份有 1 年，占 2%。病虫害导致的玉米单产实际损失最大值出现在 2010 年，达到 11.02 公斤 / 亩。

1961~2010 年，防治后病害导致的全国玉米单产实际损失平均为 1.17 公斤 / 亩，实际损失超过平均值的年份有 18 年，占总年份的 36%；实际损失超过 2 公斤 / 亩的年份有 14 年，占 28%；实际损失超过 3 公斤 / 亩的年份有 3 年，占 6%。病害导致的玉米单产实际损失最大值出现在 1996 年，达到 3.59 公斤 / 亩。

1961~2010 年，防治后虫害导致的全国玉米单产实际损失平均为 3.70 公斤 / 亩，实际损失超过平均值的年份有 24 年，占总年份的 48%；实际损失超过 5 公斤 / 亩的年份有 20 年，占 40%；实际损失超过 7 公斤 / 亩的年份有 2 年，占 4%。虫害导致的玉米单产实际损失最大值出现在 2010 年，达到 8.38 公斤 / 亩。

3. 水稻

1961~2010 年，全国水稻平均单产为 321.85 公斤 / 亩，从 1961 年的 136.10 公斤 / 亩增加到 2010 年的 436.87 公斤 / 亩，增加了 2.21 倍（见表 13）。防治后，病虫害导致的全国水稻单产实际损失仍由 1961 年的 1.92 公斤 / 亩增至 2010 年的 11.55 公斤 / 亩，增加了 5.02 倍。其中，病害导致的全国水稻单产实际损失由 1961 年的 0.20 公斤 / 亩增至 2010 年的 5.50 公斤 / 亩，增加了 26.50 倍；虫害导致的全国水稻单产实际损失由 1961 年的 1.72 公斤 / 亩增至 2010 年的 6.04 公斤 / 亩，增加了 2.51 倍。

1961~2010 年，防治后病虫害导致的全国水稻单产实际损失平均为 7.14 公斤 / 亩，实际损失超过平均值的年份有 24 年，占总年份的 48%；实际损失超过 10 公斤 / 亩的年份有 9 年，占 18%；实际损失超过 12 公斤 / 亩的年份有 6 年，占 12%；实际损失超过 14 公斤 / 亩的年份有 1 年，占 2%。病虫害导致的水稻单产实际损失最大值出现在 2005 年，达到 14.57 公斤 / 亩。

表 13　1961~2010 年防治后病虫害导致的全国水稻单产实际损失

单位：公斤 / 亩

	1961 年	2010 年	增加倍数	1961~2010 年	
				平均值	最大值
全国水稻单产	136.10	436.87	2.21	321.85	439.02
防治后，病虫害导致的水稻单产实际损失	1.92	11.55	5.02	7.14	14.57
防治后，病害导致的水稻单产实际损失	0.20	5.50	26.50	2.99	6.30
防治后，虫害导致的水稻单产实际损失	1.72	6.04	2.51	4.16	9.04

1961~2010 年，防治后病害导致的全国水稻单产实际损失平均为 2.99 公斤 / 亩，实际损失超过平均值的年份有 28 年，占总年份的 56%；实际损失超过 4 公斤 / 亩的年份有 18 年，占 36%；实际损失超过 5 公斤 / 亩的年份有 7 年，占 14%；实际损失超过 6 公斤 / 亩的年份有 1 年，占 2%。病害导致的水稻单产实际损失最大值出现在 2004 年，达 6.30 公斤 / 亩。

1961~2010 年，防治后虫害导致的全国水稻单产实际损失平均为 4.16 公斤 / 亩，实际损失超过平均值的年份有 19 年，占总年份的 38%；实际损失超过 5 公斤 / 亩的年份有 13 年，占 26%；实际损失超过 7 公斤 / 亩的年份有 6 年，占 12%；实际损失超过 9 公斤 / 亩的年份有 1 年，占 2%。虫害导致的水稻单产实际损失最大值出现在 2005 年，达 9.04 公斤 / 亩。

4. 作物单产实际损失率与可能损失率比较

1961~2010 年，防治后病虫害、病害、虫害导致全国小麦单产损失率分别为 3.09%、1.75% 和 1.34%；最大分别为 7.16%、5.80% 和 2.31%（见表 14）。冬小麦如不防治病虫草害，单产损失率可达 39.16%（见表 15），是防治后病虫害导致小麦单产损失率最大值的 5.47 倍。

1961~2010 年，防治后病虫害、病害、虫害导致全国玉米单产损失率，平均分别为 2.05%、0.49% 和 1.56%；最大分别为 3.03%、3.03% 和 2.30%。春玉米如不防治丝黑穗病、弯孢叶斑病、大斑病、玉米螟 4 种病虫害，单产损失率可达 91.62%，是防治后病虫害导致玉米单产损失率最大值的 30.24 倍。

1961~2010 年，防治后病虫害、病害、虫害导致全国水稻单产损失率分别为 2.22%、0.93% 和 1.29%，最大分别为 3.49%、1.50% 和 2.17%。早稻、晚稻和单季稻如不防治病虫草害，单产损失率为 30.26%~96.84%，其中 4 年全程不防治试验平均损失率为 51.26%，分别是防治后病虫害导致水稻单产损失率最大值的 8.67 倍、27.75 倍和 14.69 倍。

不防治病虫草害，小麦、玉米和水稻的单产损失率最大值平均为 75.87%，与"如不进行防治病虫害导致的产量损失将达 70% 以上"的国外研究结论相吻合。

表 14　1961~2010 年防治后病虫害导致全国主要农作物单产损失

单位：公斤／亩，%

防治后		病虫害导致单产损失			病害导致单产损失			虫害导致单产损失		
		损失	单产	损失率	损失	单产	损失率	损失	单产	损失率
小麦	平均值	5.51	178.39	3.09	3.13	178.39	1.75	2.39	178.39	1.34
	最大值	15.25	212.94	7.16	12.36	212.94	5.80	7.31	316.00	2.31
	最大值年份	1990			1990			2009		
玉米	平均	4.87	237.78	2.05	1.17	237.78	0.49	3.70	237.78	1.56
	最大值	11.02	363.58	3.03	3.59	118.38	3.03	8.38	363.58	2.30
	最大值年份	2010			1996			2010		
水稻	平均	7.14	321.85	2.22	2.99	321.85	0.93	4.16	321.85	1.29
	最大值	14.57	417.35	3.49	6.30	420.71	1.50	9.04	417.35	2.17
	最大值年份	2005			2004			2005		

表 15　不防治病虫害导致全国主要农作物单产损失

作物	年份	地点	供试对象	不防治对象	损失率	作者
小麦	2007~2008	江苏海安县曲塘镇刘圩村	冬小麦	病虫草	39.16%	刘宝发等，2009
玉米	2004~2005	沈阳农业大学植物保护学院实验田	春玉米	丝黑穗病、弯孢叶斑病、大斑病、玉米螟	91.62%	刘亚臣等，2006
水稻	2005	江西省余干县农科所试验田	早稻	纹枯病	3.68%	黄敏等，2006
				一代二化螟	27.37%	
				完全不防治	30.26%	
				螟虫	38.56%	
				稻飞虱	47.03%	
			晚稻	纹枯病	15.68%	
				稻纵卷叶螟	41.53%	
				完全不防治	48.73%	
	2005~2008	江西省泰和县冠朝镇冠朝村二组	早稻、晚稻	4年全程不防治平均损失率	51.26%	徐海莲等，2010
	2009	上海市金山区廊下镇	单季稻	病虫草	96.84%	吴育英等，2010

5. 作物单产实际损失与病虫害发生面积的关系

1961~2010 年，小麦、玉米和水稻的病虫害、虫害、病害发生面积依次分别为：水稻>小麦>玉米、水稻>小麦>玉米、小麦>水稻>玉米（见图47），对应的单产损失平均值依次分别为：水稻>小麦>玉米、水稻>玉米>小麦、小麦>水稻>玉米。除虫害外，病虫害、病害导致的 3 种作物单产损失大小与发生面积大小一致；3 种作物虫害发生面积均大于病害，对应的单产损失中水稻和玉米的虫害重于病害，但小麦的病害重于虫害。病虫害、虫害和病害导致的小麦、玉米和水稻最大单产损失依次分别为：小麦>水稻>玉米、水稻>玉米>小麦、小麦>水稻>玉米。因此，未来需高度关注气候变化背景下水稻虫害、小麦病害和玉米虫害的暴发性灾变，重点进行防控治理。

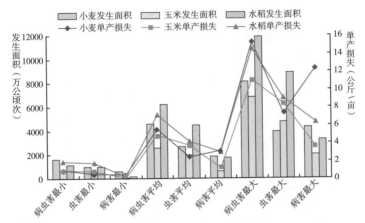

图47 1961~2010年作物单产实际损失与病虫害发生面积的关系

（二）农业病虫害对粮食作物总产的影响

1. 小麦

1961~2010年，全国小麦总产从1961年的142.5亿公斤增加到2010年的1151.8亿公斤，增加了7.08倍（见表16）。防治后，病虫害导致的全国小麦产量实际损失由1961年的4.88亿公斤增加到2010年的42.70亿公斤，增加了7.75倍。其中，病害导致的小麦产量实际损失由1961年的2.48亿公斤增至2010年的25.12亿公斤，增加了9.13倍；虫害导致的小麦产量实际损失由1961年的2.40亿公斤增至2010年的17.58亿公斤，增加了6.33倍。

表16 1961~2010年防治后病虫害导致的全国小麦总产量实际损失

单位：亿公斤

	1961年	2010年	增加倍数	1961~2010年	
				平均值	最大值
全国小麦总产	142.5	1151.8	7.08	720.96	1232.87
防治后，病虫害导致的小麦产量实际损失	4.88	42.70	7.75	22.22	70.35
防治后，病害导致的小麦产量实际损失	2.48	25.12	9.13	12.61	57.01
防治后，虫害导致的小麦产量实际损失	2.40	17.58	6.33	9.61	26.63

1961~2010 年，防治后病虫害导致的全国小麦总产实际损失平均为 22.22 亿公斤，实际损失超过平均值的年份有 23 年，占总年份的 46%；实际损失超过 30 亿公斤的年份有 15 年，占 30%；实际损失超过 40 亿公斤的年份有 5 年，占 10%；实际损失超过 50 亿公斤的年份有 2 年，占 4%；实际损失超过 60 亿公斤的年份有 1 年，占 2%。病虫害导致的全国小麦产量实际损失最大值出现在 1990 年，达到 70.35 亿公斤。

1961~2010 年，防治后病害导致的全国小麦总产实际损失平均为 12.61 亿公斤，实际损失超过平均值的年份有 20 年，占总年份的 40%；实际损失超过 20 亿公斤的年份有 10 年，占 20%；实际损失超过 30 亿公斤的年份有 3 年，占 6%；实际损失超过 40 亿公斤的年份有 1 年，占 2%；病害导致的全国小麦产量实际损失最大值出现在 1990 年，达到 57.01 亿公斤。

1961~2010 年，防治后虫害导致的全国小麦总产实际损失平均为 9.61 亿公斤，实际损失超过平均值的年份有 24 年，占总年份的 48%；实际损失超过 15 亿公斤的年份有 12 年，占 24%；实际损失超过 20 亿公斤的年份有 2 年，占 4%；实际损失超过 25 亿公斤的年份有 1 年，占 2%。虫害导致的全国小麦产量实际损失最大值出现在 2009 年，达到 26.63 亿公斤。

2. 玉米

1961~2010 年，全国玉米总产从 1961 年的 154.9 亿公斤增加到 2010 年的 1772.5 亿公斤，增加了 10.44 倍（见表 17）。防治后，病虫害导致的全国玉米产量实际损失由 1961 年的 3.16 亿公斤增加到 2010 年的 53.73 亿公斤，增加了 16.00 倍。其中，病害导致的玉米产量实际损失由 1961 年的 0.43 亿公斤增至 2010 年的 12.87 亿公斤，增加了 28.93 倍；虫害导致的玉米产量实际损失由 1961 年的 2.72 亿公斤增至 2010 年的 40.86 亿公斤，增加了 14.02 倍。

表 17　1961~2010 年防治后病虫害导致的全国玉米总产量实际损失

单位：亿公斤

	1961 年	2010 年	增加倍数	1961~2010 年	
				平均值	最大值
全国玉米总产	154.9	1772.5	10.44	795.63	1772.45
防治后，病虫害导致的玉米产量实际损失	3.16	53.73	16.00	17.04	53.73
防治后，病害导致的玉米产量实际损失	0.43	12.87	28.93	4.23	13.19
防治后，虫害导致的玉米产量实际损失	2.72	40.86	14.02	12.82	40.86

1961~2010 年，防治后病虫害导致的全国玉米总产实际损失平均为 17.04 亿公斤，实际损失超过平均值的年份有 22 年，占总年份的 44%；实际损失超过 20 亿公斤的年份有 20 年，占 40%；实际损失超过 30 亿公斤的年份有 12 年，占 24%；实际损失超过 40 亿公斤的年份有 3 年，占 6%。病虫害导致的全国玉米产量实际损失最大值出现在 2010 年，达到 53.73 亿公斤。

1961~2010 年，防治后病害导致的全国玉米总产实际损失平均为 4.23 亿公斤，实际损失超过平均值的年份有 18 年，占总年份的 36%；实际损失超过 5 亿公斤的年份有 17 年，占 34%；实际损失超过 10 亿公斤的年份有 8 年，占 16%。病害导致的全国玉米产量实际损失最大值出现在 1996 年，达到 13.19 亿公斤。

1961~2010 年，防治后虫害导致的全国玉米总产实际损失平均为 12.82 亿公斤，实际损失超过平均值的年份有 23 年，占总年份的 46%；实际损失超过 20 亿公斤的年份有 13 年，占 26%；实际损失超过 30 亿公斤的年份有 2 年，占 4%；实际损失超过 40 亿公斤的年份有 1 年，占 2%。虫害导致的全国玉米产量实际损失最大值出现在 2010 年，达到 40.86 亿公斤。

3. 水稻

1961~2010 年，全国水稻总产从 1961 年的 536.4 亿公斤增加到 2010 年的 1957.6 亿公斤，增加了 2.65 倍（见表 18）。防治后，病虫害导致的全国水稻产量实际损失由 1961 年的 7.56 亿公斤增加到 2010 年的 51.74 亿公斤，增加了 5.84 倍。其中，病害导致的水稻产量实际损失由 1961 年的 0.79 亿公斤增至 2010 年的 24.66 亿公斤，增加了 30.22 倍；虫害导致的水稻产量实际损失由 1961 年的 6.77 亿公斤增至 2010 年的 27.09 亿公斤，增加了 3.00 倍。

表 18 1961~2010 年防治后病虫害导致的全国水稻总产量实际损失

单位：亿公斤

	1961 年	2010 年	增加倍数	1961~2010 年	
				平均值	最大值
全国水稻总产	536.4	1957.6	2.65	1508.71	2007.36
防治后，病虫害导致的水稻产量实际损失	7.56	51.74	5.84	33.28	63.04
防治后，病害导致的水稻产量实际损失	0.79	24.66	30.22	13.93	27.23
防治后，虫害导致的水稻产量实际损失	6.77	27.09	3.00	19.35	39.11

1961~2010 年，防治后病虫害导致的全国水稻总产实际损失平均为 33.28 亿公斤，实际损失超过平均值的年份有 25 年，占总年份的 50%；实际损失超过 40 亿公斤的年份有 15 年，占 30%；实际损失超过 50 亿公斤的年份有 8 年，占 16%；实际损失超过 60 亿公斤的年份有 2 年，占 4%。病虫害导致的全国水稻产量实际损失最大值出现在 2005 年，达到 63.04 亿公斤。

1961~2010 年，防治后病害导致的全国水稻总产实际损失平均为 13.93 亿公斤，实际损失超过平均值的年份有 30 年，占总年份的 60%；实际损失超过 15 亿公斤的年份有 28 年，占 56%；实际损失超过 20 亿公斤的年份有 12 年，占 24%；实际损失超过 25 亿公斤的年份有 3 年，占 6%。病害导致的全国水稻产量实际损失最大值出现在 1990 年，达到 27.23 亿公斤。

1961~2010 年，防治后虫害导致的全国水稻总产实际损失平均为19.35 亿公斤，实际损失超过平均值的年份有 20 年，占总年份的 40%；实际损失超过 25 亿公斤的年份有 10 年，占 20%；实际损失超过 30 亿公斤的年份有 7 年，占 14%；实际损失超过 35 亿公斤的年份有 4 年，占 8%。虫害导致的全国水稻产量实际损失最大值出现在 2005 年，达到 39.11 亿公斤。

4. 作物总产实际损失与病虫害发生面积的关系

1961~2010 年，小麦、玉米和水稻病虫害的平均发生面积大小与作物总产损失相一致，即水稻>小麦>玉米。玉米虫害平均发生面积小于小麦，水稻病害平均发生面积小于小麦，但病虫害导致的作物总产损失则为：玉米虫害大于小麦虫害、水稻病害大于小麦病害。病虫害、虫害和病害导致的小麦、玉米和水稻最大总产损失依次分别为：小麦>水稻>玉米、玉米>水稻>小麦、小麦>水稻>玉米（见图 48）。水稻虫害和病害、玉米虫害、小麦病害对作物总产的影响显著，需重点关注，尤其需加强玉米虫害和水稻病害的防控治理。

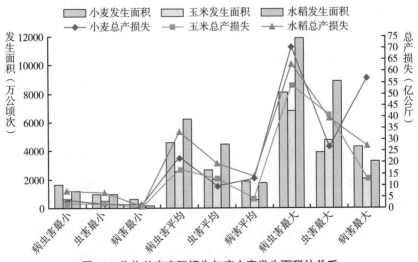

图 48　作物总产实际损失与病虫害发生面积的关系

5. 作物单产与总产实际损失的关系

1961~2010 年，病虫害和虫害导致的小麦、玉米、水稻平均单产损失与作物总产损失一致，即水稻＞小麦＞玉米、水稻＞玉米＞小麦；病害导致的平均单产损失为小麦＞水稻，但作物总产损失则为水稻＞小麦。病虫害和病害导致的小麦、玉米和水稻的最大单产损失与作物最大总产损失一致，均为小麦＞水稻＞玉米，虫害导致的作物最大单产损失为水稻＞玉米，但作物总产损失则为玉米＞水稻（见图49）。因此，未来需高度关注小麦和水稻的病害、水稻和玉米的虫害对作物单产和总产影响的差异，尤其是小麦病害、玉米虫害和水稻虫害暴发灾变对作物单产和总产的重大影响。

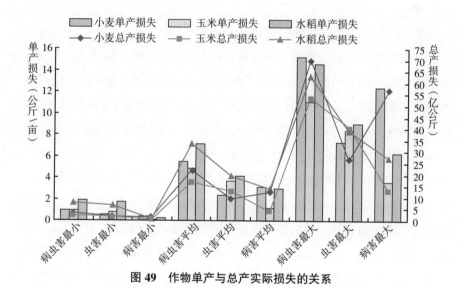

图49 作物单产与总产实际损失的关系

小麦：1961~2010 年，防治后病虫害、病害和虫害导致的全国小麦单产实际损失平均为 5.51 公斤 / 亩、3.13 公斤 / 亩和 2.39 公斤 / 亩；单产损失率平均分别为 3.09%、1.75% 和 1.34%；最大单产损失率分别为 7.16%、5.80% 和 2.31%。冬小麦如不防治病虫草害，单产损失率可达 39.16%，是防治后病虫害导致小麦单产损失率最大值的 5.47 倍。

玉米：1961~2010 年，防治后病虫害、病害和虫害导致的全国玉米单产实际损失平均为 4.87 公斤 / 亩、1.17 公斤 / 亩和 3.70 公斤 / 亩；单产损失率平均分别为 2.05%、0.49% 和 1.56%；最大单产损失率分别为 3.03%、3.03% 和 2.30%。春玉米如不防治丝黑穗病、弯孢叶斑病、大斑病、玉米螟 4 种病虫害，单产损失率可达 91.62%，是防治后病虫害导致玉米单产损失率最大值的 30.24 倍。

水稻：1961~2010 年，防治后病虫害、病害和虫害导致的全国水稻单产实际损失平均为 7.14 公斤 / 亩、2.99 公斤 / 亩和 4.16 公斤 / 亩；单产损失率平均分别为 2.22%、0.93% 和 1.29%；最大单产损失率分别为 3.49%、1.50% 和 2.17%。早稻、晚稻和单季稻如不防治病虫草害，单产损失率为 30.26%~96.84%，其中 4 年全程不防治试验平均损失率为 51.26%，分别是防治后病虫害导致水稻单产损失率最大值的 8.67 倍、27.75 倍和 14.69 倍。

不防治病虫草害，小麦、玉米和水稻 3 种作物的单产损失率最大值平均为 75.87%。1961~2010 年，病虫害导致的小麦、玉米和水稻单产、总产损失与发生面积一致，即水稻＞小麦＞玉米。三种作物虫害发生面积均大于病害，但虫害和病害导致的不同作物单产、总产损失与发生面积没有对应关系；同一作物比较，小麦病害导致的单产、总产损失重于虫害；不同作物比较，玉米虫害发生面积小于小麦、水稻病害发生面积小于小麦，但虫害导致的单产、总产损失则表现为玉米大于小麦，病害导致的总产损失表现为水稻大于小麦。除小麦、水稻病害外，病虫害、虫害、病害导致的三种作物单产损失与总产损失一致。水稻和玉米的虫害、小麦和水稻的病害对作物单产和总产的影响显著，未来需高度关注气候变化背景下小麦病害、玉米虫害和水稻虫害的暴发性灾变，重点进行防控治理。

种植制度变化对粮食生产的影响

全球气候变化背景下，伴随着热量资源增加，中国种植制度和作物布局亦将发生相应的改变，从而将影响到作物的产量。

一 种植北界变化对粮食生产的影响

（一）一年两熟／三熟制作物

随着温度升高和积温增加，1981~2007 年中国一年两熟制、一年三熟制的作物可能种植北界较 1950s~1980 年均有不同程度北移。与 1950s~1980 年相比，最近 30 年（1981~2007 年）一年两熟制作物种植北界空间位移最大的省（市）有陕西、山西、河北、北京和辽宁（见图1）。其中，在山西、陕

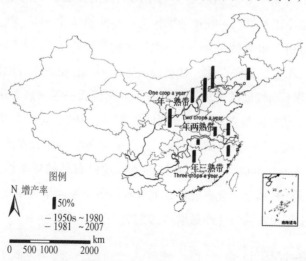

图1 1981~2007 年全国种植制度北界与 1950s~1980 年相比的可能变化及增产率

西、河北境内平均北移 26km，辽宁南部可种植一年两熟作物地区，由原来 40°1′N~40°5′N 的小片区域，发展到辽宁绥中、鞍山、营口、大连一线；一年两熟制耕地面积增加了 104.50 万 hm²，其中辽宁一年两熟耕地面积增加最多，为 42.81 万 hm²；河北、山西、北京分别增加 22.54 万 hm²、21.21 万 hm²、11.66 万 hm²；四川和云南分别增加 3.60 万 hm² 和 2.67 万 hm²。与建站至 1980 年相比，基于 1981~2007 年气候资料所确定的一年三熟作物种植北界空间位移最大的省份有湖北、安徽、江苏和浙江，且在浙江省内，分界线由杭州一线跨越到江苏吴县东山一线，北移约 103km；安徽巢湖和芜湖附近北移约 127km，安徽其他地区平均北移 29km；湖北钟祥以东地区北移 35km；湖南沅陵附近北移 28km。一年三熟耕地面积增加 335.96 万 hm²，其中安徽一年三熟制耕地增加最多，为 103.38 万 hm²，其次为浙江、湖北、上海、湖南、贵州、云南和江苏，分别增加了 62.18 万 hm²、48.01 万 hm²、32.18 万 hm²、28.38 万 hm²、22.00 万 hm²、17.67 万 hm² 和 17.53 万 hm²，河南和广西分别增加了 4.03 万 hm² 和 0.61 万 hm²。

以春玉米和冬小麦－夏玉米分别作为一年一熟区和一年两熟区的代表性种植模式，分析一年一熟区变为一年两熟区后作物产量的变化；以冬小麦－中稻和冬小麦－早稻－晚稻分别作为一年两熟区和一年三熟区的代表性种植模式，分析一年两熟变为一年三熟后作物产量的变化。在种植制度界限变化的区域，不考虑品种变化、社会经济等因素，种植制度界限的变化将使粮食单产获得不同程度的增加。若由一年一熟变成一年两熟，陕西、山西、河北、北京和辽宁的粮食单产可分别增加 82%、64%、106%、99% 和 54%；由一年两熟变成一年三熟，湖南、湖北、安徽、浙江的粮食单产可分别增加 52%、27%、58%、45%。目前，在江苏省当地没有种植双季稻，但气候变暖将使一年三熟种植制度北界北移，如果种植冬小麦－早稻－晚稻替换目前的冬小麦－中稻模式，将使产量增加约 37%。

（二）冬小麦

全球气候变暖使得中国中高纬度地区冬季温度明显升高，特别是冬季最低温度显著升高，为冬小麦的安全越冬提供了热量保障。与 1950s~1980 年相比，1981~2007 年气候变暖导致中国北方冬小麦种植北界不同程度北移西扩，冬小麦种植北界空间位移最大的省份有辽宁、河北、山西、陕西、内蒙古、宁夏、甘肃和青海（见图 2）。辽宁东部平均北移 120km，西部平均北移 80km；河北平均北移 50km；山西平均北移 40km；陕西东部变化较小，西部平均北移 47km；内蒙古、宁夏一线平均北移 200km；甘肃西扩 20km；青海西扩 120km。

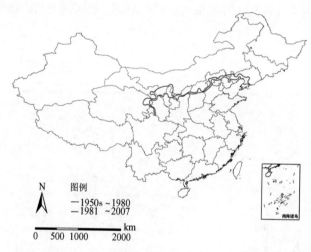

图 2　1981~2007 年冬小麦种植北界与 1950s~1980 年相比的可能变化

以河北为例，分析冬小麦种植北界变动引起的产量变化。统计数据表明，1981~2007 年河北历年的冬小麦产量均高于春小麦产量，冬小麦 27 年平均产量较春小麦高出 25%。因此，河北省冬小麦种植北界的北移可使界限变化区域的小麦单产平均增加约 25%。

（三）水稻

水稻是中国重要的粮食作物之一，年种植面积约 3000 万 hm²，占粮食作物种植面积的 27% 左右，稻谷产量占粮食总产量的 35%。双季稻三熟制是在双季稻基础上再种植一季旱作作物（包含冬绿肥）的一年三熟制，主要分布在 20° N~32° N 雨热同季的东南亚稻区。中国长江以南的亚热带正好处在这一地区的中心地带，是双季稻三熟制的主要分布地区。近年来，气候变暖导致积温增加，使得双季稻适种气候范围也发生了变化。

与 1950s~1980 年相比，基于气候资源确定的 1981~2007 年中国双季稻种植北界在浙江境内平均北移 47km；安徽境内平均北移 34km；湖北和湖南境内平均北移 60km（见图 3）。目前，这些地区的部分农民因双季稻费工、投入高等原因，并没有实际种植双季稻，但从气候资源分析，这些地区可以种植双季稻。

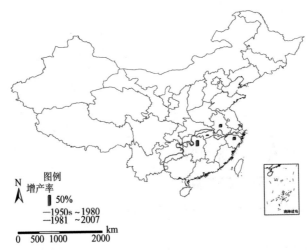

图 3 1981~2007 年双季稻种植北界与 1950s~1980 年相比的可能变化及增产率

双季稻界限的移动使得原有的稻—麦两熟区变成可种植双季稻区域。选取由麦—稻种植模式转变为肥—稻—稻种植模式进行比较，分析双季稻种植北界变动引起的产量变化。目前，从气候资源分析，浙江、安徽、湖北、湖南由麦—稻模式转变为肥—稻—稻模式是可行的，以早稻和晚稻替换小麦和中稻，作物单产分别可增长 13.8%、12.2%、1.8% 和 29.9%。未来气候变暖将使这些地区的热量资源更为丰富，如果水资源满足，这些区域可以种植越冬作物—双季稻三熟制作物。

（四）东北三省不同熟性春玉米品种

玉米是世界上最重要的粮食和饲料作物。在中国的谷类作物中，玉米种植面积约占粮食作物总面积的 30%，产量约占 35%，在中国粮食安全中起着举足轻重的作用。中国东北地区地势平缓，幅员辽阔，土壤肥沃，春播玉米区种植主要为一年一熟制作物，常年播种面积达 600 万 ~700 万 hm²，总产量 5000 万吨左右，约占全国玉米总产量的 35%，稳居全国首位。

按照生育期的长短及其对积温的要求，玉米可以分为早、中、晚熟品种。1961~2010 年，东北地区积温的增加，为生育期较长的中、晚熟玉米品种可种植区域的北移东扩提供了必要的热量条件。≥ 10℃积温的升高使得中、晚熟玉米品种可种植区由西南向东北方向扩展，面积不断扩大（见图4）。与 1950s~1980 年相比，1981~2010 年辽宁全省基本可种植晚熟品种，晚熟品种种植北界在吉林西南部向东北推移最大距离达 180km；中晚熟品种种植区由辽宁东北部、吉林西部推移至吉林中部和黑龙江西南部，种植北界向东北方向推移 35~140km，至齐齐哈尔、安达、哈尔滨、桦甸、临江一线；中熟品种种植区的变化主要集中在黑龙江中部，北界向东南、西北

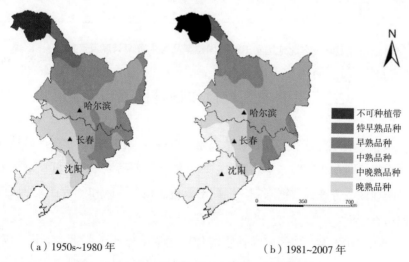

（a）1950s~1980 年　　　　　　（b）1981~2007 年

图 4　东北三省春玉米不同熟性玉米品种种植区分布

方向平均分别扩展 50km 和 130km，松嫩平原和三江平原基本均可种植中熟品种；早熟品种种植区则向长白山、小兴安岭方向收缩；特早熟品种种植区和不可种植带在黑龙江西北部不同程度收缩，面积分别减小约 2.7 万 km^2 和 0.56 万 km^2。

气候变暖带来作物品种熟型的变化，使不同熟型的玉米品种种植北界不同程度北移，使得原有种植早熟品种的区域可以考虑种植中熟品种，原有种植中熟品种的地区可以考虑发展晚熟品种的种植，熟型的改变必将带来产量的变化（见图 5）。区域试验数据表明，当早熟品种被中熟品种替代后，在相同的气候和土壤条件下，中熟品种的生育期比早熟品种长 8 天，玉米单产可增加约 9.8%；当中熟品种被晚熟品种替代后，在相同的气候和土壤条件下，晚熟品种的生育期比中熟品种长 9 天，玉米单产可增加 7.1%。未来气候变暖情景下，早熟玉米区可以种植晚熟玉米品种，此时可以使玉米单产增加约 17.6%。

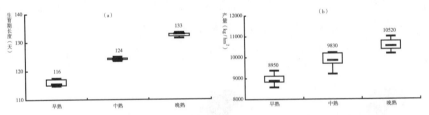

图 5　东北地区春玉米不同熟型品种生育期长度及产量

二　主要农区粮食作物种植面积变化

根据农业生产基本特征及各地农业发展特点，将中国粮食生产区域分为六大农区，即东北地区、华北地区、西北地区、西南地区、长江中下游地区和华南地区。考虑到数据限制，在此不分析西藏自治区和台湾省，重庆市并入四川省分析。

2001~2010 年，中国三大作物的种植区主要分布在东北、华北、西南、长江中下游地区（见图 6），其中东北地区玉米种植比例较大，华北主要为

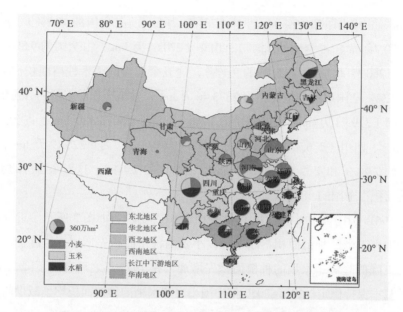

图6 2001~2010年各省三大粮食作物种植面积及其比例

资料来源：中华人民共和国农业部种植业管理司网站（http://www.zzys.moa.gov.cn/）。

小麦、玉米，西南地区三大作物种植比例相当，长江中下游地区北部以小麦、水稻为主，南部及华南地区水稻种植比例较高，西北地区虽然地域广阔，但作物种植面积较小，以小麦和玉米为主。全国主要粮食作物种植面积为7981.08万hm²，粮食作物种植面积前五位的省份依次为：河南（819.65万hm²，占全国的10.3%）、山东（623.66万hm²，占全国的7.8%）、四川（606.57万hm²，占全国的7.6%）、黑龙江（522.65万hm²，占全国的6.5%）和河北（521.24万hm²，占全国的6.5%），这五个省份的作物种植面积占全国总种植面积的38.7%。其中，2001~2010年全国小麦的种植面积为2344.86万hm²，种植面积前五位的省份依次是河南（505.06万hm²，占全国的21.5%）、山东（339.65万hm²，占全国的14.5%）、河北（238.73万hm²，占全国的10.2%）、安徽（219.04万hm²，占全国的9.3%）和江苏（185.30万hm²，占全国的7.9%），这五个省份的小麦种植面积占全国的63.4%。全国玉米的种植面积为2762.76万hm²，种植面积前五位的省份依次是黑龙江（300.33

万 hm²，占全国的 10.9%）、吉林（281.54 万 hm²，占全国的 10.2%）、河北
（273.80 万 hm²，占全国的 9.9%）、山东（270.64 万 hm²，占全国的 9.8%）和
河南（260.37 万 hm²，占全国的 9.4%），这五个省份的玉米种植面积占全国
的 50.2%。全国水稻种植面积为 2873.46 万 hm²，种植面积前五位的省份依次
是湖南（379.94 万 hm²，占全国的 13.2%）、江西（307.28 万 hm²，占全国的
10.7%）、四川（276.77 万 hm²，占全国的 9.6%）、广西（226.12 万 hm²，占
全国的 7.9%）和安徽（213.70 万 hm²，占全国的 7.4%），这五个省份的水稻
种植面积占全国的 48.8%。

1961~2010 年，中国三大作物种植面积演变趋势如图 7 所示。近 50 年
来，中国玉米的种植面积不断增加；小麦的种植面积先增加，但近 15 年来
呈现下降的趋势；水稻的种植面积先增加，在 1975 年之后有所下降，2002
年后基本保持稳定。1961~2010 年中国小麦和水稻的种植面积均呈减少趋势，
分别为 –0.57 万 hm²/10a 和 –3.02 万 hm²/10a，而玉米种植面积则呈显著增加
趋势，达 20.83 万 hm²/10a。

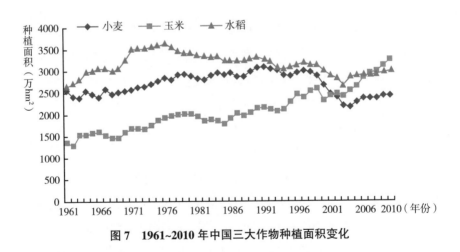

图 7　1961~2010 年中国三大作物种植面积变化

1961~2010 年中国各省三大作物种植面积的变化趋势如图 8 所示。小
麦种植面积在全国大部分地区呈现下降趋势，在华北地区和长江中下游地
区北部的安徽、江苏则呈上升趋势，其中河南省的上升趋势最为明显，为

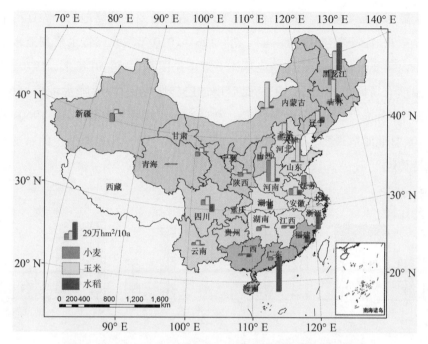

图 8　1961~2010 年中国各省三大作物种植面积的变化趋势

35.90 万 hm²/10a；玉米的种植面积在全国大部分地区呈增加趋势，其中东北地区、华北地区及内蒙古增加趋势最为明显，在长江中下游地区东部沿海的省市呈下降趋势，但均小于 1.00 万 hm²/10a；水稻种植面积在东北地区增加显著，黑龙江、吉林和辽宁的增加趋势分别为 46.16 万 hm²/10a、11.03 万 hm²/10a 和 8.42 万 hm²/10a，在南方大部分地区水稻种植面积呈现减少趋势，长江中下游地区南部的湖北、湖南、江西、浙江以及华南地区减少趋势明显。

为明确气候变化背景下中国三大作物种植面积的变化，结合三大作物种植区农业气候资源变化，分析中国六大农区三大作物种植面积变化如下。

（一）东北地区

东北地区土壤肥沃，自然资源丰富，是中国重要的商品粮生产基地，在保障国家粮食安全和农产品供需平衡中占有重要的战略地位。除辽南地区，东北地区种植制度为一年一熟。1961~2010 年东北三省水稻和玉米生长季内主要气候资源变化趋势总体一致（见图 9）。近 50 年来，1970s 平均温度有所降低，为 18.3℃，此后增加趋势明显；1970s 降水量较 1960s 降低了 38mm，1980s 降水量最多，为 523mm，此后又逐渐降低；1960s 和 1970s 日照时数最多，分别为 1209h 和 1191h，1980s 明显降低，此后基本保持稳定。

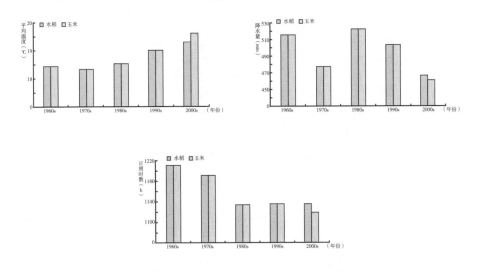

图 9　1961~2010 年东北地区主要粮食作物气候资源变化

统计 1961~2010 年东北三省小麦、玉米、水稻的种植面积变化可知（见图 10），近 50 年来，小麦的种植面积不断减少，尤其是黑龙江省减少最为明显，1990 年后小麦面积减少了 157.61 万 hm^2；玉米种植面积最大，且呈增加的趋势，近 50 年来在黑龙江省、吉林省、辽宁省分别增加了 134.90 万 hm^2、167.72 万 hm^2 和 82.47 万 hm^2；水稻种植面积呈增加趋势，在黑龙江省增加最为明显，50 年间增加了 180.34 万 hm^2，而在吉林省和辽宁省则分别增加了 45.84 万 hm^2 和 34.58 万 hm^2。

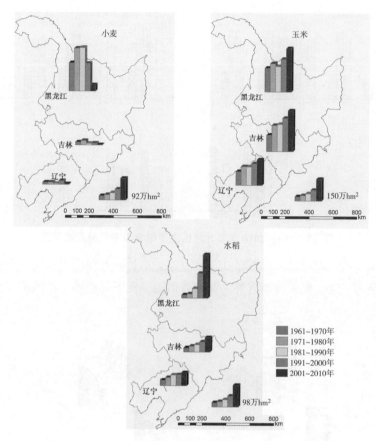

图10　1961~2010年东北地区主要粮食作物种植面积变化

（二）华北地区

华北地区主要由黄河、海河、淮河下游泥沙冲击而成，自然资源丰富，灌溉面积大，种植制度为一年两熟，是中国重要的农业区。由1961~2010年华北地区水稻、玉米和小麦生长季内主要气候资源变化特征分析可知：近50年来，三大作物生长季内平均温度总体呈现上升的趋势（见图11）；水稻和玉米生长季内降水量分别以1.6mm/10a和1.7mm/10a的速率下降，但冬小麦生长季内降水量为微弱增加趋势；三大作物生长季内日照时数则均表现为下降趋势。

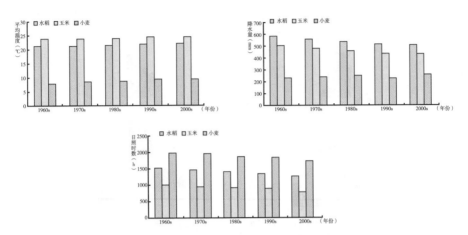

图11　1961~2010年华北地区主要粮食作物气候资源变化

从1961~2010年华北地区小麦、玉米、水稻的种植面积变化可知，小麦种植最为广泛，但除河南省外，其他省市则呈现下降趋势（见图12），2000

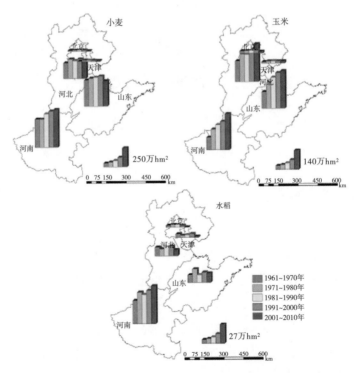

图12　1961~2010年华北地区主要粮食作物种植面积变化

年后在山东省减少最为明显，为 63.57 万 hm²；玉米种植面积不断增加，河南省、河北省、山东省的玉米种植面积与 20 世纪 60 年代相比增加近 1 倍；水稻种植面积较小，且除河南省外，其他省市均呈减少趋势。

（三）西北地区

西北地区地处中国内陆，海拔较高，降水资源缺乏，但热量和光照资源相对丰富。西北地区分为绿洲灌区和旱作农区，种植制度为一年一熟，多以间套作方式提高复种指数。分析 1961~2010 年西北地区水稻、玉米和小麦生长季内主要气候资源变化特征可知，三大作物生长季内气候资源变化趋势总体相同（见图 13），近 50 年来，水稻、玉米和小麦生长季内平均温度呈现增加趋势；降水量表现为波动变化，1980s 降水量最多，分别为 297mm、292mm 和 188mm，1970s 和 1990s 降水量最少；日照时数表现为先减少后增加趋势，1980s 日照时数最少，分别为 1314h、1233h 和 1794h，1990s 和 2000s 日照时数较 1980s 有所增加。

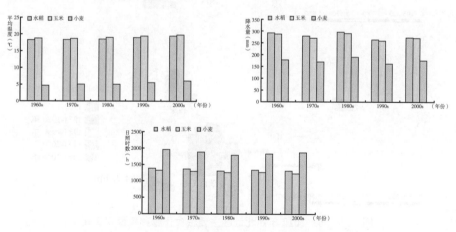

图 13　1961~2010 年西北地区主要粮食作物气候资源变化

分析 1961~2010 年西北地区小麦、玉米和水稻的种植面积变化可知，小麦的种植面积呈先增加后减少趋势（见图 14），在 2000 年以后明显减少，与 90 年代相比，小麦种植面积在内蒙古自治区、甘肃省、山西省和陕西省

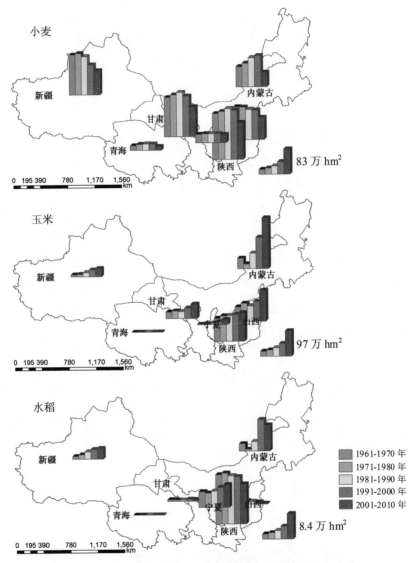

图14 1961~2010年西北地区主要粮食作物种植面积变化

分别减少 54.50 万 hm²、35.80 万 hm²、24.35 万 hm² 和 40.34 万 hm²；除青海省外，玉米种植面积均不断增加，内蒙古增加趋势最为明显，近50年增加了153.80 万 hm²；水稻在西北地区种植较少，仅西北绿洲灌区有少量种植，在宁夏有所增加，其他省份均呈减少趋势。

（四）西南地区

西南地区是世界上地形最复杂的区域之一，该区跨越 13 个纬度，生态系统丰富，地势特征为北高南低，西高东低；山地立体气候显著，山麓河谷为热带或亚热带气候，山腰为温带气候，山顶为寒带气候。该区热量丰富，冬暖突出，雨热同季的特点对水稻和玉米等作物的生长极为有利，但光能资源较少，且时空分布差异大，太阳总辐射量以四川盆地、贵州高原最少，川西及云南高原最多。西南地区种植制度为一年一熟制和一年两熟制。分析 1961~2010 年西南地区水稻、玉米和小麦生长季内主要气候资源变化特征可知，三大作物生长季内气候资源变化趋势总体相同（见图 15）。近 50 年来，三大作物生长季内平均温度呈现微弱的上升趋势，升温速率分别为 0.01℃ /10a、0.01℃ /10a 和 0.02℃ /10a；生长季内降水量则波动变化；日照时数呈现下降趋势，下降速率分别为 2.6h/10a、1.9h/10a 和 1.3h/10a。

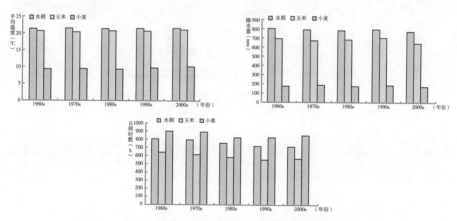

图 15　1961~2010 年西南地区主要粮食作物气候资源变化

分析 1961~2010 年西南地区小麦、玉米和水稻的种植面积变化可知（见图 16），小麦种植面积表现为先增后减趋势，在 20 世纪 90 年代小麦种植面积达到最大值，但 2000 年以后四川省、贵州省和云南省小麦种植面积分别减少了 73.45 万 hm²、20.13 万 hm² 和 14.37 万 hm²；玉米种植面积总体呈增

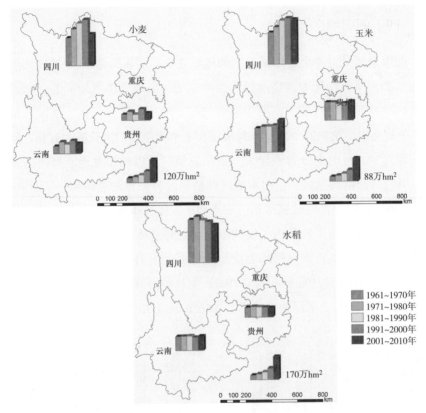

图16 1961~2010年西南地区主要粮食作物种植面积变化

加趋势,但增幅不大;四川省和贵州省的水稻种植面积呈现略微减少的趋势,云南省基本稳定在 100 万 hm^2 左右。

(五)长江中下游地区

长江中下游地区的光、热、水资源丰富,地势较为平坦,土地肥沃,农业基础设施好,增产潜力大,具有优越的自然资源和较好的生产条件,种植制度在平原多为稻麦两熟,江南为双季稻。分析 1961~2010 年长江中下游地区水稻、玉米和小麦生长季内主要气候资源变化特征可知,近50 年中,水稻和玉米生长季内平均温度呈现先下降后上升的趋势(见图

17），小麦生长季内平均温度则呈现波动增温趋势，平均温度的增加速率为 0.3℃/10a。水稻、玉米和小麦生长季内降水量变化趋势相同，均表现为先增加后降低，1990s 降水量达到最大值，分别为 833mm、673mm 和 589mm，2000s 降水量有所下降。水稻和玉米生长季中日照时数逐渐下降，下降速率分别为 4.4h/10a 和 4.3h/10a；小麦生长季内日照时数则表现为先下降后上升的趋势，1980s 日照时数达到最低值，为 878h，1990s 和 2000s 有所回升。

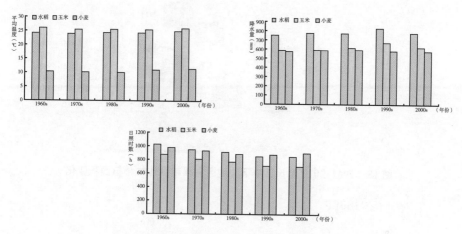

图 17　1961~2010 年长江中下游地区主要粮食作物气候资源变化

分析 1961~2010 年长江中下游地区小麦、玉米和水稻的种植面积变化可知（见图 18），该地区南部的湖南、江西、浙江和上海小麦种植面积较小，且表现为减少的趋势，安徽则表现为增加趋势，50 年来增加了 33.74 万 hm²，在湖北和江苏先增加后减少。玉米种植面积较小，各省变化趋势不同，湖北、湖南和安徽玉米种植面积有所增加，安徽增加最为明显，50 年来增加了 34.19 万 hm²，浙江和江苏有所减少，江西和上海几乎无玉米种植。水稻是长江中下游地区种植面积最大的作物，但近年来种植面积有所减少，其中浙江减少最为明显，与 20 世纪 60 年代相比减少了 50%，达 121.61 万 hm²。

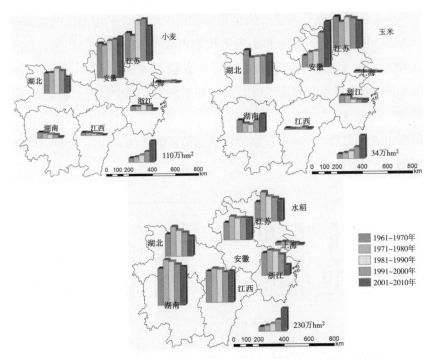

图 18　1961~2010 年长江中下游地区主要粮食作物种植面积变化

（六）华南地区

华南地区地处热带、亚热带，是中国光、热和水资源最为丰富的地区之一，年均气温高，水量充沛，日照时数长，这些独特的自然资源条件有利于水稻的生长，水稻区位优势非常明显。华南地区的种植制度为冬闲加双季稻和冬季作物加双季稻一年三熟制。分析 1961~2010 年华南地区水稻、玉米和小麦生长季内主要气候资源变化特征可知，近 50 年来，三大作物生长季内平均温度变化幅度并不明显，总体呈现波动增加趋势（见图 19）。水稻和玉米生长季内降水量呈现波动变化，1980s 降水量最少，分别为 902mm和 1217mm，小麦生长季内降水量则先增加后减少，1980s 降水量最高为458mm。三大作物生长季内日照时数均表现为先减少后增加的趋势，1990s日照时数最少，分为 732h、815h 和 551h，而 2000s 日照时数有所回升。

分析 1961~2010 年华南地区小麦、玉米和水稻的种植面积变化可知（见

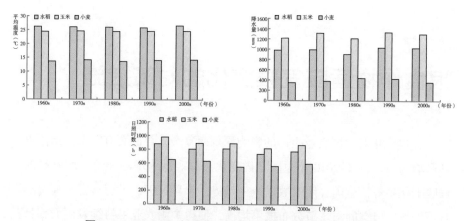

图 19　1961~2010 年华南地区主要粮食作物气候资源变化

图 20），小麦种植面积不断减少，到 2000 年后，华南地区几乎没有小麦种植；玉米种植面积总体有所增加，广东增幅最大，50 年来增加了 5.12 万 hm²，福建和海南玉米种植面积也有所增加，从几乎没有玉米种植分别发展到 3.68 万 hm² 和 1.70 万 hm²；水稻种植最为广泛，但近年来种植面积有所减少，广东减少最为明显，近 50 年来减少了 147.05 万 hm²。

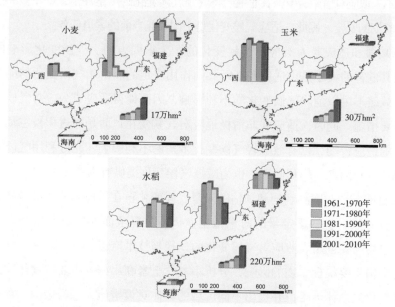

图 20　1961~2010 年华南地区主要粮食作物种植面积变化

B.7
粮食作物适应气候变化的对策措施

　　气候变化对中国农业生产的影响深刻而复杂，普遍而有区别，总体以不利影响为主。1961~2010年中国气候变化总体表现为增温和干燥度升高的气候暖干化趋势，全国日照时数呈减少趋势，干旱灾害、洪涝灾害和高温热害日益加重，但空间与季节分布极不均衡，使得中国农业可持续发展面临日益严峻的挑战。同时，1961~2010年的气候变化总体有利于全国农业病虫害、病害和虫害发生面积扩大，危害程度加剧。气候暖干化、日照时数减少及农业气象灾害与病虫害加剧的影响叠加将使气候变化下中国农业生产与粮食安全面临的风险增加并将持续存在，从而引起中国未来农业生产面临的不稳定性增加，产量波动大；农业生产布局和结构发生变化；农业生产条件改变、生产成本和投入大幅度增加。如果不采取应对措施，中国农业生产将受到气候变化的严重冲击，严重威胁中国粮食长期的安全。因此，适应气候变化是中国农业当前的紧迫任务。

　　减缓和适应是人类应对气候变化的两个重要方面。气候变化影响的程度及其危害的大小是由适应和减缓共同作用决定的。由于气候变化的滞后效应，减缓不足以消除气候变化的不利影响，因而使得适应成为应对气候变化的主要措施。同时，适应并非消极地应对气候变化，而是通过积极主动、有计划的适应行动，以有效减轻气候变化带来的不利影响，充分利用气候变化带来的有利因素，趋利避害，也为减缓气候变化提供有力的支撑。

　　目前，针对观测到的和预估的未来气候变化正在采取一些适应措施，但还十分有限，且缺乏定量的对策依据，仍不足以全面促进农业生产力的恢复，迫切需要创新农业应对气候变化的途径与技术措施。在此，基于气候变化对中国主要粮食作物的影响，分析小麦、玉米和水稻等主要粮食作物适应气候变化的总体策略，并提出不同区域的具体对策措施，以为中国粮食作物的稳定增产提供科学依据。

一 调整作物播种期，充分利用气候资源

气候变暖导致热量资源增加，调整播期已经成为目前农业生产上应用最普遍最有效的适应措施。

1. 适应气候变暖，北方春播适度提前

东北平原利用土壤化冻翻浆水分配合地膜覆盖，玉米可提早到日平均气温稳定通过7℃开始春播，有效减轻春旱对出苗的威胁。河套春小麦为躲避潮塌（早春翻浆无法机播），春小麦播种可提早到日平均气温稳定通过–2℃。

2. 适应气候变暖，科学选用不同熟性作物品种

华北和东北西南部山区过早播种虽可确保全苗，但易遇雨季前"卡脖旱"，应准备早熟、中早熟、中熟等不同品种的种子，提前整地运肥，并根据透雨到来早晚决定使用品种，播种偏晚的要适当加大密度。内蒙古中东部春旱严重，春小麦为避旱应推迟播期。

3. 针对秋季变暖，科学推迟冬小麦作物播期

秋冬变暖将导致华北冬小麦易冬前生长过旺，越冬易受冻伤，不利于春季生长和产量形成，播期拟普遍推迟7天以上。同时，推广品种冬性减弱也需要适度延后播种，以避免冬前过早穗分化而在冬季受冻。

4. 针对气候变暖，科学提前夏玉米作物播期

由于冬小麦生育期明显缩短，黄淮海夏玉米播期有所提前，收获期显著延迟，有助于夏玉米增产。

5. 针对伏旱影响，合理调整水稻播期与品种

长江中下游地区针对伏旱加重，拟适当提早早稻播期。中稻选用相对晚熟品种，以使抽穗开花期避开高温影响。

二 选育高产优质抗逆性强的作物品种，科学 应对气候暖干化与病虫害影响

未来气候变暖将加剧干旱、热害、洪涝及病虫害等自然灾害发生的频

率和强度。气温升高将使当前品种的作物生长期缩短、光合作用受阻、呼吸消耗加大，不利于作物产量形成与质量提高；而气候变化背景下作物病虫害发生的加剧，将更不利于作物产量形成与质量的提高。1961~2010年气象要素变化对全国作物单产的实际影响与防治后病虫害导致的2010年全国作物单产实际损失如表1所示。除单季稻外，气候变暖与病虫害均导致全国冬小麦、玉米和双季稻的单产减少，且病虫害的影响高于气候变暖导致的单产减少。同时，气候变暖与病虫害的共同作用导致的全国冬小麦、玉米和双季稻的单产降幅达4.0%~6.6%，严重威胁中国的粮食安全与粮食自给率。

为减少气候变化对农作物的不利影响，选育高产优质抗逆性强的优良品种是最根本的适应性对策之一。研究表明，良种在农业增产中的作用达20%~30%，高的可达50%。21世纪的农业发展主流将是先进的生物技术与常规农业技术的融合。用于品种改良的生物技术途径，如体细胞无性繁殖变异技术、体细胞胚胎形成技术、原生质融合技术、DNA重组技术等，都能快速有效地培育出抗逆性强、高产优质的作物新品种。

表1 1961~2010年气象要素变化对全国作物单产的实际影响与防治后病虫害导致的2010年全国作物单产实际损失

单位：公斤/亩，%

	冬小麦	玉米	水稻
2010年全国作物单产	316.56	363.58	436.87
近50年平均气温变化导致的平均单产实际变化	−9.2	−7.6	41.2（单季稻） −6.0（双季稻）
近50年降水量变化导致的平均单产实际变化	2.5	−0.1	23.2（单季稻） −0.0（双季稻）
防治后2010年病虫害导致的作物单产实际损失	−11.74	−11.02	−11.55
防治后2010年病害导致的作物单产实际损失	−6.90	−2.62	−5.50
防治后2010年虫害导致的作物单产实际损失	−4.84	−8.38	−6.04
温度与防治后2010年病虫害导致的作物单产实际损失	−20.94	−18.62	−17.55（双季稻）
温度与防治后2010年病虫害导致的作物单产实际损失占2010年单产的比例	−6.6	−5.1	−4.0（双季稻）

同时，拟基于气候变化的区域差异因地制宜调整育种目标：高寒地区培育比传统品种生育期更长、增产潜力更大品种，气候暖干化地区培育耐旱耐热品种，气候暖湿化地区培育耐湿耐热品种。黄淮海小麦育种可适度降低对冬性要求，但必须保持或增强对春霜冻抗性（越冬抗寒性与春霜冻抗性并不相同）。针对不同区域主要病虫害发生趋势变化，调整抗病虫育种的主抗与兼抗目标。

1. 培育与采用耐高温抗旱作物品种，尽快适应暖干化气候

1961~2010 年，中国小麦、玉米和水稻生育期内温度均呈升高趋势，降水空间变异较大。以气候变暖为显著特征的气候暖干化已经对中国的粮食产量产生了严重影响。除单季稻外，近 50 年来作物生育期内的温度升高均导致中国冬小麦、玉米和双季稻的平均单产减产，而作物生育期内的降水变化尽管对作物单产的影响相对于温度的影响较小，但仍以减产为主（见表 2）。因此，培育与采用耐高温、抗旱的作物品种是未来农业应对气候变化的重要措施。

表 2　1961~2010 年全国主要作物单产与生育期内气象要素的线性回归系数及气象要素变化对全国作物单产的实际影响

作物	气象要素	单产的相对变化（%）		单产的实际变化（kg/hm²）	
		平均	95.0% 置信区间	平均	95.0% 置信区间
冬小麦	平均气温	−5.8	−13.1~1.6	−138.5	−316.5~39.5
	降水量	1.6	0.7~2.4	37.3	16.8~57.8
玉米	平均气温	−3.4	−6.5~−0.2	−114.0	−220.7~−7.2
	降水量	0	−0.1~0	−0.9	−1.7~−0.2
单季稻	平均气温	11.0	0.3~26.5	618.2	12.5~1223.8
	降水量	6.2	0.8~14.3	348.4	36.7~660.0
双季稻	平均气温	−1.9	−4.2~0.4	−90.2	−197.7~17.3
	降水量	0	−0.02~0.01	−0.2	−0.7~0.4

2. 选用高产优质抗病虫新品种，推广专业化统防统治措施

1961~2010 年，气候变化导致的农区温度、降水、日照等气象因子变化总体有利于全国农业病虫害、病害和虫害发生面积扩大，危害程度加剧。全国农业病虫害、病害和虫害发生面积由 1961 年的 0.58 亿 hm² 次、0.15 亿 hm² 次和 0.43 亿 hm² 次增加到 2010 年的 3.70 亿 hm² 次、1.24 亿 hm² 次和 2.46 亿 hm² 次，分别增加 5.38 倍、7.27 倍和 4.72 倍，反映出全国农业病害增加速度远高于虫害。

从主要作物病虫害发生面积来看，1961~2010 年，气候变化导致的温度、降水、日照等气象因子变化总体有利于全国小麦、玉米和水稻病虫害发生面积扩大；全国小麦病虫害、病害和虫害的发生面积分别由 0.198 亿 hm² 次、0.086 亿 hm² 次和 0.112 亿 hm² 次增加到 0.694 亿 hm² 次、0.313 亿 hm² 次和 0.381 亿 hm² 次，分别增加 2.51 倍、2.64 倍和 2.40 倍；全国玉米病虫害、病害和虫害的发生面积分别由 0.063 亿 hm² 次、0.006 亿 hm² 次和 0.057 亿 hm² 次增加到 0.679 亿 hm² 次、0.203 亿 hm² 次和 0.476 亿 hm² 次，分别增加 9.78 倍、32.83 倍和 7.35 倍；全国水稻病虫害、病害和虫害的发生面积分别由 0.117 亿 hm² 次、0.018 亿 hm² 次和 0.099 亿 hm² 次增加到 1.130 亿 hm² 次、0.328 亿 hm² 次和 0.802 亿 hm² 次，分别增加 8.66 倍、17.22 倍和 7.10 倍。总体而言，气候变化背景下我国小麦、玉米和水稻的病虫害、病害和虫害发生面积均呈增加趋势，且病害发生面积速度均显著高于虫害。

从主要粮食作物单产实际损失看，1961~2010 年，全国小麦、玉米与水稻的平均单产分别为 178.39 公斤 / 亩、237.78 公斤 / 亩和 321.85 公斤 / 亩，从 1961 年的 37.15 公斤 / 亩、75.91 公斤 / 亩和 136.10 公斤 / 亩增加到 2010 年的 316.56 公斤 / 亩、363.58 公斤 / 亩和 436.87 公斤 / 亩，增加 7.52 倍、3.79 倍和 2.21 倍。防治后，病虫害导致的全国小麦、玉米和水稻的单产实际损失分别由 1961 年的 1.27 公斤 / 亩、1.50 公斤 / 亩和 1.92 公斤 / 亩增至 2010 年的 11.74 公斤 / 亩、11.02 公斤 / 亩和 11.55 公斤 / 亩，增加 8.24 倍、6.35 倍和 5.02 倍。其中，病害导致的全国小麦、玉米和水稻的单产实际损失由 1961 年的 0.65 公斤 / 亩、0.21 公斤 / 亩和 0.20 公斤 / 亩增至 2010 年的 6.90 公斤 / 亩、2.64 公斤 / 亩和 5.50 公斤 / 亩，增加 9.62 倍、11.57 倍和 26.50 倍；虫害导致的全国小麦、玉米和水稻的单产实际损失分别由 1961 年的 0.62 公斤 / 亩、1.34 公斤 / 亩和 1.72 公斤 / 亩增至 2010 年的 4.83 公斤 / 亩、8.38 公斤 / 亩和 6.04 公斤 / 亩，分别增加 6.79 倍、5.25 倍和 2.51 倍。气候变化背景下全国小麦、玉米和水稻的平均单产均呈快速增加趋势，平均单产增加 2.21~7.52 倍，但由于气候变化导致的作物病虫害的增加，即使在防治后作物的平均单产实际损失亦呈快速增加趋势，增加 5.02~8.24 倍，增加速率几乎是平均单产增加的 2 倍；其中，病害导致作物单产实际损失增加速率（增加 9.62~26.50 倍）远大于虫害导致作物单产实际损失增加速率（增加 2.51~6.79 倍），同时病害导致的全国小麦单产实际损失绝对值较大，由 1961 年的 0.65 公斤 / 亩增加到 2010 年的 6.90 公斤 / 亩；虫害导致的全国玉米单产实际损失绝对值较大，由 1961 年的 1.34 公斤 / 亩增加到 2010 年的 8.38 公斤 / 亩。

1961~2010 年，病虫害导致的小麦、玉米和水稻单产、总产损失与发生面积一致，即水稻＞小麦＞玉米。三种作物虫害发生面积均大于病害，但虫害和病害导致的不同作物单产、总产损失与发生面积没有对应关系。同一作物间，小麦病害导致的单产、总产损失重于虫害；不同作物间，玉米虫害发生面积小于小麦、水稻病害发生面积小于小麦，但虫害导致的单产、总产损失则表现为玉米大于小麦，病害导致的总产损失表现为水稻大于小麦。除小麦、水稻病害外，病虫害、虫害、病害导致的三种作物单产损失与总产损失一致。水稻和玉米的虫害、小麦和水稻的病害对作物单产和总产的影响显著。因此，气候变化背景下中国小麦、玉米和水稻生产科学应对病害和虫害的措施在于选用高产优质、抗病虫作物新品种，尤其需高度关注气候变化背景下小麦病害、玉米虫害和水稻虫害的暴发性灾变危害，重点进行防控治理。

同时，为最大限度地减少气候变化背景下中国主要粮食作物产量损失，需要大力推广专业化病虫害统防统治与生态控制技术，提高防治效果。专业化统防统治是解决当前农村病虫害防治效果差的有效措施，可有效提高病虫害防治效果，节约成本，减少中毒事故的发生。通过推广病虫生态控制技术，降低化学农药用量。推广作物类型、品种合理搭配的间作套种、轮作、水旱轮作以及生物防治、物理防治等病虫生态控制技术，控制和减少化学农药的使用量。例如，在南方水稻主产区扩大双季稻种植面积，逐步减少中稻（一季稻）面积，尽量避免单、双季稻混栽，以有效减少"桥梁田"，减少过渡虫源；采用稻鸭共作可有效控制纹枯病、稻飞虱、叶蝉、福寿螺和杂草，既能减少农药使用量，又能提高作物产量。

三　采用小麦节水栽培模式，科学应对麦区冬春连旱

1961~2010 年，中国黄河以北的华北冬麦区、黄淮冬麦区北部和西北春麦区东南部的冬春气象干旱呈加剧态势，且华北地区近 20 年来冬春季降水呈急剧减少趋势，使得以华北为中心的冬麦区冬春气象干旱加剧趋势尤其明显，其中心区域山西、河北和山东西北部冬春两季极端干旱的频次呈增加趋势，而黄河以南的黄淮和长江中下游冬麦区的春季气候趋于干旱的趋势较冬季更加明显。

麦区冬春气象干旱的加剧必然影响小麦生产，而当地常年降水量状况将决定冬春气候干旱对小麦生产的影响程度。中国主要春麦区的冬季降水量分别为 17.74mm（东北）、6.22mm（内蒙古）和 6.05mm（西北）（见表 3），降水量总量很小，气象干旱在该区冬季属于气候常态，且冬季降水 50 年来呈增加趋势，有利于提高该区春小麦的播种墒情。中国主要春麦区的春季降水量分别为 90.79mm（东北）、38.67mm（内蒙古）和 54.12mm（西北），尽管降水总量较春小麦需水量有较大的差距，但大多数区域 50 年来的春季降水呈增加趋势，有利于春小麦生产。对冬麦区而言，华北冬麦区冬季平均降水量为 14.29mm，约占全年降水量的 2%；黄淮冬麦区冬季平均降水量仅 73.30mm，不足全年降水量的 7%~8%；最南

部的长江中下游冬麦区的冬季降水也仅 173.60mm。因此，主要麦区冬旱是气候常态。

表 3　1961~2010 年我国各麦区冬春季平均降水量

单位：mm

平均降水量 麦区	春季平均降水量		冬季平均降水量	
	平均值	标准差	平均值	标准差
东北春麦区	90.79	21.70	17.74	7.47
内蒙古春麦区	38.67	11.69	6.22	1.91
西北春麦区	54.12	20.16	6.05	2.72
华北冬麦区	90.37	29.48	14.29	6.34
黄淮冬麦区	195.85	54.34	73.30	26.09
长江中下游冬麦区	472.17	77.25	173.60	43.81

通常，冬春连旱尤其是冬旱或初春的旱情很难通过灌溉缓解，因为灌溉必须在不易产生冻害的情况下进行，即气温稳定在 3℃以上时才适宜冬小麦灌溉。因此，尽管华北平原多数地区都有条件通过灌溉满足小麦用水需求（华北平原有效灌溉面积 $6.53 \times 10^6 hm^2$/ 华北平原农田面积 $8.85 \times 10^6 hm^2$）（林耀明等，2000），但初春冷空气频繁，气温变化剧烈，给灌溉缓解旱情带来了风险。同时，由于华北水资源呈持续下降趋势（张光辉等，2009；Wei et al.，2013），华北地区当前的冬小麦生产只有依靠灌溉获得较高的产量，所以，尽管华北地区的降水呈减少趋势，但该区小麦仍能获得高产。然而，由于该区持续的降水减少，小麦生产对地下水的需求可能增加，并可能进一步增加小麦灌溉等成本，对小麦生产不利，采用小麦节水栽培模式是该区小麦生产适应气候变化背景下干旱的有效方法（秦欣等，2012）。尽管长江中下游冬麦区和黄淮冬麦区南部（江苏省和安徽省）的春季降水也呈显著减少趋势，但由于该区冬春季降水对小麦生长而言以偏多为主（300~500mm），降水的减少不一定会引起干旱。

需要特别指出的是，应对冬旱与春旱的措施应有所区别。节水灌溉是在春季。就应对冬旱威胁而言，华北主要是适时足量浇好冻水，冬前耙耱保墒和冬季镇压提墒；黄淮麦区旱地则应改撒播为机播，秋冬干旱年冬前适时适量灌溉，冬季镇压为主，对个别严重缺墒且根系发育不良麦田可在白天>3℃时段少量补灌。

四　调整作物复种指数，提高耕地资源利用效率

复种指数是指一定时期内（一般为1年）耕地上农作物总播种面积与耕地面积之比。复种指数是农业耕作制度的重要参数，是衡量耕地资源集约化程度和评价耕地资源利用状况的主要指标。耕地复种行为要受到诸如气候、土壤、环境、育种技术和农业基础设施等自然因素和社会经济因素等多重因素的影响。

在全球气候变暖背景下，中国气候变化保持了与全球气候变化的一致性，并表现出较为显著的变暖特征，降水不确定性增加，农业气候资源分布发生明显改变，气候变化对耕地复种产生了重要影响。气候变暖使农业活动积温增加，作物全年生长季延长，充裕热量使作物生育进程加快，生育期缩短，作物熟制增加，耕地复种指数提高，但降水的不确定性在一定程度上限制了耕地复种指数的提高。随着温度升高和积温增加，1981~2007年中国一年两熟制、一年三熟制的作物可能种植北界较1950s~1980年均有不同程度北移：一年两熟作物种植北界空间位移最大的区域有陕西东部、山西、河北、北京和辽宁，一年两熟制耕地面积增加了104.50万 hm^2；一年三熟作物种植北界空间位移最大的省份有湖北、安徽、江苏和浙江，一年三熟耕地面积增加了335.96万 hm^2。

在种植制度界限变化的区域，不考虑品种变化、社会经济等因素前提下，种植制度界限的变化将使粮食单产获得不同程度的增加。以春玉米和冬小麦—夏玉米分别作为一年一熟区和一年两熟区的代表性种植模式，由一年一熟变成一年两熟，陕西、山西、河北、北京和辽宁的粮食单产可分别增

加 82%、64%、106%、99% 和 54%；以冬小麦—中稻和冬小麦—早稻—晚稻分别作为一年两熟区和一年三熟区的代表性种植模式，由一年两熟变成一年三熟，湖南、湖北、安徽、浙江的粮食单产可分别增加 52%、27%、58% 和 45%。

气候变化导致的农业热量资源增加有利于提高作物复种指数和粮食总产，虽然降水的不确定性对耕地复种指数的提高有一定的影响，但如果措施适当，可充分发挥气候变化背景下农业气候资源较为丰富的优势，趋利避害，充分挖掘农业光温生产潜力，发展多熟种植，提高耕地复种指数，间接增加耕地利用面积，增强中国粮食的自给能力，确保粮食安全。为此，需要针对中国不同地区（如粮食主产区、生态脆弱区等）制定区域差别化的耕地复种指数调整策略，综合平衡生态环境、经济效益和可持续发展等多种因素，有针对性地开展耕地复种指数调整，认真制定复种指数应对气候变化策略。

1. 东北平原区

东北平原区增温显著，耕地资源丰富，地势平坦，土壤肥沃，但年有效积温较低，作物种植主要以一年一熟为主。在未来气候变暖背景下，该区可充分利用气候变化带来的热量资源增加、冬小麦种植界限明显北移等优势，充分挖掘农业生产潜力，北部地区可种植早熟玉米、水稻、大豆，辽宁南部可种植冬小麦—水稻（玉米、大豆等）两熟作物，扩大复种范围，提高复种指数，采用生育期更长的晚熟品种，有效增加作物产量和提高作物品质。同时，在辽宁中西部可适度发展小麦玉米间套种植或小麦后茬种植蔬菜和早熟豆类。

2. 黄淮海平原区

黄淮海平原区暖干化趋势明显，耕地资源丰富，但农业水资源短缺，作物种植主要以一年两熟为主。气候变化将丰富该区农业热量资源，有利于增加复种指数或中晚熟品种种植面积的扩大，但降水的不确定性可能加重该区的水资源短缺，兴建农业用水基础设施和提高农业水资源利用效率将是影响该区作物复种指数提高的关键因子。该区可通过积极调整作物种植结构，优化种植制度组合，加强农业基础设施建设，从而提高耕地复种指数。

3. 长江中下游区

长江中下游区光、热、水资源禀赋优越，非常适宜农业种植。气候变化将使该区冬季变暖，增加该区的农业热量资源，有利于农作物的生长发育，减少农业灾害的影响。该区种植制度主要以稻麦两熟为主，气候变暖导致的农业有效积温增加可使三熟制成为稳定熟制，北部由晚稻早熟、中熟品种类型改种晚稻中熟、晚熟类型，冬小麦可从目前的弱冬性类型为主改为以春性类型为主。

4. 华南地区

华南地区热量资源充足，年均温度较高，农业水资源较为丰富，作物熟制主要以一年两熟和一年三熟为主。气候变化将进一步丰富该区的热量资源，导致农业气候带和作物种植熟制界限向北、向高海拔地区推移。该区可充分发挥热量资源充足和农业水资源丰富的优势，引种、扩种热带作物，调整种植结构，提高复种指数。

5. 西南地区

西南地区地处山区和丘陵地区，耕地资源分散且较少，区域性小气候明显。未来气候变化可能使该区呈暖干化趋势，区域性气候灾害特别是干旱和暴雨频繁发生。为此，该区可在完善农业基础设施的基础上，调整作物播种期，逐步提高复种指数。中高原地区可发展立体农林复合型生态农业，提高复种指数。

6. 西北干旱区

西北干旱区主要可分成东部黄土高原旱作区和西部绿洲灌溉区。黄土高原为适应暖干化，要开展小流域综合治理，保持水土，陡坡退耕，恢复植被，改善生态。旱地推广集雨补灌，缓坡地营建高标准梯田，沟谷推广淤地坝，建设基本农田，提高粮食自给水平。山区发展苹果、红枣等优质果品。绿洲农业区需充分利用气候变暖、降水与融雪增加有利条件，在实施拦蓄工程和节水前提下，适当扩大灌溉面积，充分利用光热优势，发展特色农业。南疆地区可适度提高复种指数。

五　调整作物种植面积与品种布局，充分利用 农业气候资源优势

全球气候变暖使得中国区域积温增加，中高纬度地区冬季温度明显升高，特别是冬季最低温度显著升高，为作物北移西扩提供了热量保障。

与 1950s~1980 年相比，1981~2007 年中国北方冬小麦种植北界不同程度地北移西扩，北移最大的省份有辽宁、河北、山西、陕西、内蒙古、宁夏、甘肃和青海，从而导致冬小麦产量不同程度地增加。统计数据表明，1981~2007 年河北省冬小麦种植北界的北移使界限变化区域的小麦单产平均增加约 25%。

与 1950s~1980 年相比，1981~2007 年中国双季稻种植北界不同程度地北移使得原有的稻—麦两熟区变成可种植双季稻区域。从气候资源分析，浙江、安徽、湖北、湖南由麦—稻模式转变为肥—稻—稻模式是可行的，以早稻和晚稻替换小麦和中稻，作物单产分别可增加 13.8%、12.2%、1.8% 和 29.9%。

1961~2010 年，东北地区 ≥ 10℃积温的升高使得中、晚熟玉米品种可种植区由西南向东北方向扩展，面积不断扩大，不可种植和早熟品种种植区域向西北、东南方向收缩。气候变暖带来作物品种熟型的变化，不同熟型的玉米品种种植北界不同程度北移也必将带来产量的变化。区域试验数据表明，在相同的气候和土壤条件下，当早熟品种被中熟品种替代后，玉米单产可增加约 9.8%；当中熟品种被晚熟品种替代后，玉米单产可增加 7.1%。未来气候变暖情景下，早熟玉米区可以种植晚熟玉米品种，此时可以使玉米单产增加约 17.6%。

气候变暖导致的作物种植北界变化也引起了中国作物种植面积的变化。1961~2010 年，小麦种植面积在全国大部分地区呈现下降趋势，在华北地区和长江中下游地区北部的安徽、江苏则呈上升趋势，其中河南省的上升趋势最为明显，上升了 35.90 万 hm^2/10a；玉米的种植面积在全国大部分地区呈增加趋势，其中东北地区、华北地区及内蒙古自治区增加趋势最为明显，在

长江中下游地区东部沿海的省市呈下降趋势，但均小于 1.00 万 hm²/10a；水稻种植面积在东北地区增加显著，黑龙江、吉林和辽宁分别增加了 46.16 万 hm²/10a、11.03 万 hm²/10a 和 8.42 万 hm²/10a，在南方大部分地区，水稻种植面积呈现减少趋势，长江中下游地区南部的湖北、湖南、江西、浙江以及华南地区减少趋势明显。

为确保气候变化背景下中国的粮食安全，需要针对不同作物制定区域差别化的种植面积与品种布局调整策略，综合平衡生态环境、经济效益和可持续发展等多种因素的影响。

（一）小麦

气候变暖对越冬作物冬小麦生长发育和产量较为有利。冬小麦种植区北移西扩，向高纬度高海拔扩展，可适当扩大种植面积；对喜凉作物春小麦拟适当减少面积。根据中国小麦的种植区划，可以将中国小麦种植区划分为东北春麦区、黄淮海冬麦区、长江中下游冬麦区、华南冬麦区、西南冬麦区、西北干旱麦区等。由于中国小麦种植的地域性差异显著，需要因地制宜采取不同对策。

1. 东北春麦区

气候增暖明显，表现为春季提前，生长季延长，生长季内总积温增加，>10℃积温带北移。但是，干旱、洪涝、低温冷害和霜冻等气候极端事件发生频率也可能会增加。气候变暖使冬小麦的安全种植北界在未来 50 年内将由目前的长城一线逐渐北进至东北地区南部，约跨 3 个纬度，东北平原南部可逐渐种植产量较高的冬小麦，以取代春小麦。随着气候变暖，东北春小麦传统产区中南部将被潜力更高的玉米和水稻替代，春小麦种植向黑龙江北部和内蒙古东北部等高寒地区转移。东北地区中南部变得更加不适宜种植春小麦。

2. 黄淮海冬麦区

气候增暖明显，但水资源短缺，且呈严重化趋势。虽然耐旱抗旱冬小麦品种不断出现，但因冬小麦生育期在华北地区缺水最严重的冬春季，水分亏缺十分严重，要根据当地水资源量因水制宜地进行冬小麦种植和优化布局，合理调整种植结构。在水土资源适宜地区，可发展密集型规模化的冬小麦种植，大幅提高单产，达到耕种面积减少情况下冬小麦总产量略有减少甚至基本不变；在地表水资源量和灌溉水源严重不足的地区，应适当压缩冬小麦的种植面积。同时，为适应未来气候变化，淮北小麦品种选用可向半冬性和弱冬性方向发展，既有利于冬季防冻，又能发挥高产优势，多熟制可选用晚播早熟小麦品种。限制耗水大的小麦品种种植，培育和引进抗旱品种。在水土资源适宜的地区，可以发展规模化小麦—玉米种植区。对水资源比较缺乏的华北农区而言，灌溉并不是解决问题的根本途径，适当改变种植方式，选育抗旱、耐高温的小麦品种等是更为合理有效的对策。黄淮海冬麦区中北部对品种冬性要求可适当降低，华北北部可由冬性极强改为强冬性或冬性，华北中部由强冬性改为冬性或弱冬性。水资源严重不足的黑龙江等地拟压缩小麦种植，改种旱作作物。

3. 长江中下游冬麦区和华南冬麦区

气候增温明显，降水量呈增加趋势，但冬季气温升高有助于害虫越冬率提高，对作物危害增加。同时，极端天气事件发生频率升高，有害高温、低温和暴雨洪涝增加的影响亦不可忽视。长江中下游降水明显增加的南部地区应压缩冬小麦种植，改种油菜；北部地区稳定冬小麦种植。华南地区已不适宜种植冬小麦，应以冬种蔬菜和其他作物为主。

4. 西南冬麦区

西南气候冷干化主要体现在云贵高原东部，而云南大部和四川西部气候暖干化明显，冬旱日趋严重，对小麦、大麦、蚕豆等小春作物不利。为此，应改善水利条件，在有灌溉条件的河谷与平坝稳定小春作物生产，旱坡地改种马铃薯等。

5. 西北干旱麦区

西北东部黄土高原是中国主要旱作冬小麦产区，随着气候的暖干化，干旱威胁加重。土层薄的坡地可改种其他耐旱作物，小麦应在土层深厚的旱塬、缓坡梯田与河谷种植，推广沟植垄盖等微地形集雨技术，适当推迟播期，避免冬前生长过旺。西北西部绿洲农业区为冬春麦区，随着气候变暖，南疆可改部分春小麦种植区为冬小麦种植区，提高产量与品质。北疆冬小麦集中在天山北麓和伊犁河谷等积雪较稳定地区，气候暖湿化虽使降雪量增加，但积雪更不稳定，威胁冬麦越冬。应培育耐寒品种，选择积雪相对稳定地段种植。积雪很不稳定地段可改种春小麦或春播作物。

（二）玉米

气候变暖对玉米等喜温作物生长发育和产量较为有利，种植界限可以进一步北移西扩，向高纬度高海拔扩展，拟适当扩大种植面积。虽然未来气候将呈持续变暖趋势，但在增暖大背景下可能会出现低温年份，应根据不同气候年型适当调整玉米种植比例，在低温气候年型应适当降低玉米种植比例，在干旱气候年型应适当控制喜水的玉米等作物种植比例。

1. 东北平原区

在水分基本满足的前提下，未来气候变暖对玉米生产有利。气候变暖使该区特别是北部地区热量条件改善，农业气候带向北、东部山区扩展，传统的东北玉米带可以适当向北部和东部拓展。在土壤水分条件基本得到满足的前提下，适当扩大晚熟、中晚熟品种的比例，提高单位面积产量，在北部和东部冷凉地区可适当增加玉米等喜温作物比例。同时，为适应未来气候变化，该区拟选育或引进一些生育期相对较长、感温性强或较强、感光性弱的中晚熟玉米品种，逐步取代目前盛行的生育期短、产量较低的早熟玉米品种，以充分利用当地气候资源，提高作物产量。在引种过程中，忌操之过急，忌用感光性强的品种，也不能搞大跨度的纬向引种。同时，还需注意培育抗旱玉米品种，推广节水栽培技术。对占东北地区玉米产量80%以上的半湿润和半干旱的中西部玉米带而言，未来气候的暖干化将使农业干旱趋于严重而且频繁，对玉米生产和玉米带的发展构成严重威胁，在推广中晚熟和晚熟品种的同时，必须大力培育抗旱品种。同时，针对春旱威胁，拟推广抢墒早播、注水播种机和地膜覆盖等技术确保全苗。在西部半干旱风沙区严重春旱年可改种杂交谷子。

辽西、辽南丘陵无灌溉地区可准备中晚熟、中熟和早熟等几套种子，春旱严重年可提前整地备肥等雨播种。

2. 西北干旱半干旱区

气候变暖可使甘肃玉米适宜种植区海拔高度提升150m左右，种植上限高度可达海拔1900m左右；陕西玉米全生育期积温增加110℃·d，生育期平均减少4d；河西灌区玉米种植面积可进一步扩大，延安、关中西部、商洛西部玉米种植面积亦有一定扩展潜力；宁夏玉米播种期提前，生长季延长，南部山区随气候变暖和地膜覆盖，全生育期热量基本满足需求，玉米种植面积可进一步扩大；引黄灌区及彭阳东南部玉米种植区域也有扩展潜力。为适应未来气候变化，该区农作物品种熟性总体上由早熟型向偏晚熟型发展，未来可选用生育期更长的中晚熟型玉米品种。

3. 黄淮海平原区

作为传统的夏玉米主产区，玉米种植面积整体上处于稳定状态，考虑到气候变暖背景下玉米生长期的延长，未来在其北部地区可采用中早熟和中熟玉米品种替代原来的早熟品种。同时，为适应未来气候变化，未来在华北平原区可采用中早熟和中熟玉米品种替代原来的早熟品种。考虑到华北地区水资源较为缺乏，拟适当改变种植方式，选育抗旱、耐高温的玉米品种。同时，由于小麦播种期明显推迟，考虑到小麦生育期缩短导致玉米生育期延长，玉米收获可适当后延以充分利用后熟作用提高粒重，即河北中南部提倡的"两晚"。

（三）水稻

中国水稻主要种植在南方地区，根据中国水稻种植区划可将水稻种植区划分为华南双季稻区、长江中下游双单季稻区、西南单双季稻区、华北单季稻区、东北单季稻区等。气候变暖对水稻的复种比较有利，可以提高水稻的复种面积。

1. 华南双季稻区

气候变暖，特别是冬季温度升高使得该区的热量资源进一步增加，在灌溉条件较好的地区可以扩大双季稻种植面积，引进中晚熟品种，确保粮食稳产高产。为适应未来气候变化，在该地区拟选用生育期较长、产量提升潜力较大的中晚熟品种替代生育期较短、产量提升潜力较小的早中熟品种，以充分利用日益丰富的热量资源。同时，应充分利用华南冬季热量资源丰富的优势，种植快熟蔬菜、绿肥或青饲料作物。灌溉条件较好的地区可抢种一季早熟品种油菜。但作物种植不宜过度北扩，以避免寒害损失。

2. 长江中下游双单季稻区

拟充分利用滨湖平原、河谷平原和盆地的气候资源，在稳定现有双季稻种植面积的同时，采取激励措施，进一步扩大双季稻种植面积，提高单位面积粮食产出。根据气候资源分布特点，选择合适的种植模式，如迟熟早稻＋迟熟晚稻、中熟早稻＋迟熟晚稻＋油菜、迟熟早稻＋迟熟晚稻＋油菜等种植模式。在双季稻不适宜区内，应因地制宜，结合种植习惯，发展高效旱作配一季稻的种植面积。随着气候的不断增暖，未来可尝试将苏南的晚粳类型移栽到江淮地区，将晚双季稻地区的品种移到中双季或早双季稻地区等，尽可能选用生育期较长、产量潜力较大的中晚熟品种替代生育期较短、产量潜力较小的早中熟品种，以充分利用热量资源。

3. 西南单双季稻区

该区部分地区虽然在季节上可以满足种植双季稻的要求，单季稻改双季稻后有一定增产，但农资、劳力等投入将成倍增加。因此，西南地区仍应大力发展单季稻种植，种植模式以目前的稻—麦和稻—油菜为主。气候变化导致的水资源短缺已经严重影响该区的正常农业生产，在水源缺乏区域水田改旱现象较多。为此，该区作物品种的调整措施主要为：推广大穗、高产型水稻品种。同时，该区呈现立体气候，温差大，丘陵高温高湿，山区低温多雨，为稻瘟病高发区，稻瘟病在各个生长阶段发生都会造成水稻大面积减产甚至绝收，特别是稻颈瘟会成为毁灭性灾害。且该区作物种植化学肥料使用比例大，作物在生长阶段营养旺盛，容易在苗期徒长，发生倒伏，为此拟先用抗病害、耐肥抗倒型水稻品种。川南和滇南热量丰富，是传统双季稻区，随气候变暖可适度北扩。川西平原为稻麦两熟。其他地区以单季稻为主，云南和川西冬春干旱日益严重，水源无保证地区改种旱作物，有一定灌溉条件的地区应适当推迟春季育秧插秧，推广节水栽培技术。

4. 华北单季稻区

气候变暖使得华北的干旱化趋势加强，虽然华北地区的水稻种植面积所占比例较小，但因为水稻耗水量大，无论从水资源还是经济效益方面来考虑，都应该压缩水稻种植面积，或完全取消该地区的水稻种植。考虑到市场需求旺盛，黄淮南部水热资源相对丰富地区在推广节水栽培技术前提下可适当扩大麦茬稻种植。

5. 东北单季稻区

气候变暖有利于水稻北扩，市场需求旺盛导致近年东北水稻种植面积迅速扩大，有些地区已造成湿地萎缩、地下水位下降。未来应调整布局，集中连片，以防次生盐碱化。同时，水稻种植面积扩大应量水而行，不应以牺牲湿地和掠夺开发地下水为代价。应大力推广工厂化育秧和节水栽培。东北西部严格控制过度扩张，只限沿江河岸低地种植水稻。

六 针对气候变化的区域分异，科学调整主要农区生产管理方式

以气候变暖为标志的全球变化已经对中国农业生产产生了严重影响：气候暖干化不利于主要麦区冬小麦的产量形成，但西北麦区气候暖湿化有利于提高冬小麦产量；气候变暖对水分满足条件下的东北玉米增产有利，气候暖湿化对西北玉米的产量形成有利，但气候暖干化对黄淮海和西南玉米的产量造成不利；气候变暖有利于东北单季稻的产量提升；气候变化对长江中下游和西南稻区的单季稻产量形成的不利影响小于双季稻，同时气候变暖对华南双季稻的产量造成不利。因此，气候变化背景下的中国主要农区生产管理方式也需要做相应的调整。

（一）东北地区

气候变暖使得该区热量资源增加，表现为春季提前，生长季延长，生长季内积温带北移。未来该区气候变化仍以温度升高为主，除东北西部降水可能减少外，东北大部地区的降水有可能增加，但降水增量的时空分布不均匀，且干旱、洪涝、低温冷害和霜冻等气候极端事件发生频率也可能会增加。因此，针对春旱威胁，东北地区拟加大推广注水播种和地膜覆盖。例如，拔节到大喇叭口前"三铲三耥"是传统耕作保墒技术，可促进根系下扎和基部节间短粗，增强后期抗旱抗倒能力。考虑到劳动力有限，应推广机械中耕社会化服务。

加强农业水利基础设施建设。水资源短缺是制约该区农业发展的重要问题。为此，该区需大力加强农田基础设施建设，统筹水资源的管理和规划使用，提高现有水利设施的调节和保证功能，减少干旱洪涝等灾害的损失。同时，改善农田配套工程设施，拦蓄降雨，减少地表径流和土壤渗漏，增加降水就地渗入量，提高保水保土保肥能力。

调整作物生产管理方式。气候变化要求作物田间管理措施做出及时相应的调整，包括有效利用水资源、改进田间管理、增加灌溉和施肥、防治病虫害等，提高作物系统的适应能力。同时，要推广以自动化、智能化为基础的精准耕作技术，降低作物生产成本，提高耕地利用率和产出率。

（二）华北地区

气候变化背景下，该区温度明显升高，降水下降趋势明显，呈暖干化趋势，极端气候事件增多。水资源不足是该区作物生产的关键限制因子，而气候变暖又在很大程度上加剧了该区的水资源紧张。所以，该区作物应对气候变化的主要措施是解决水资源问题。

积极推广和普及农业节水技术。该区水资源短缺，但水分利用效率较低，尤其表现在灌溉中水资源的浪费。许多地区仍采用土渠输水、大水漫灌的方式，灌溉用水在输水过程中一半被浪费。为此，华北平原应推广渠道衬砌和麦田管灌技术，有条件的地区应推广喷灌滴灌。

积极推广和普及保水技术。该区位于季风气候区，降水季节变化大，夏季多暴雨，许多雨水来不及利用即流失，造成很大的浪费。为防止地表水资源蒸发，拟采取保水措施，推广播前深松或深耕、耕后耙耱和播后镇压、冬季耱耢和镇压、春季划锄中耕等耕作保墒技术。沟植垄盖技术已在黄土高原和关中大面积推广，但在黄淮海平原高产区不适合，华北可在黑龙港和丘陵山区等旱作区推广。在甘肃、宁夏等地的年降水量200mm左右地区，覆盖砾石是种植西瓜、甜瓜的传统做法，称"砂田"，经济效益好，但连年种植重茬导致土传病害严重，一旦耕翻砾石进入土壤下层，耕地质量将受到严重损害。在黄淮海平原推广砾石覆盖十分荒唐，华北土石山区也不宜提倡。

（三）长江中下游地区和华南地区

在气候变化背景下，该区增暖趋势明显，降水量呈增加趋势。冬季气温升高，害虫越冬率提高，对作物危害增加；极端天气事件发生频率升高，有害高温、低温和暴雨洪涝增加的影响亦不可忽视。尤其需要重视的是，高温伏旱对长江中下游地区与华南地区的水稻生产有威胁加重趋势，应调整播期和移栽期，使孕穗开花敏感期躲开高温伏旱影响，力争早稻在高温期前收获，中稻在高温期过后进入孕穗开花。靠近江河地区可通过夜排日灌，以水调温和抑制蒸发剂喷叶减缓高温的不利影响。

（四）西南地区

气候变化背景下，西南冷干化主要在东南部，范围不大且不显著，大部仍呈暖干化。西南山高谷深，田高水低，尤其岩溶地区水土流失石漠化严重。西南西部冬春干旱有加重趋势。除国家有计划实施的大型控制工程外，广大农村以集雨集流蓄水和营造梯田等小型工程为主，辅之秸秆与地膜覆盖等保墒技术及种植结构调整。由于是季节性干旱，关键是拦蓄夏秋降水用于冬春。伏旱主要影响重庆、川东和黔东。在无灌溉和热量较充足丘陵山区，应推广"水路不通走旱路"，改冬水田一季稻为小麦、玉米、红薯等旱三熟作物，以适应冬春干旱与高温伏旱。川东和重庆等热量丰富地区近年推广夏季旱涝灾后栽培再生稻，单产可达原来的60%~80%，较改种其他作物的产量高且成本低。

（五）西北地区

气候变化背景下，该区气温呈上升趋势，变化强度高于全国平均值，降水有增加的趋势，其中新疆北部降水增加最多。气候变暖对西北干旱区农业影响有利有害，降水量增加、极端气候事件减少对农业生产有利。气候变暖使作物生育期提早，但返青期提前也容易使作物在突来的寒潮中遭受冻害，而生育期变短将使作物品质下降。

针对西部绿洲灌溉区，拟加强抵御融雪性洪水能力，有计划地修建山区水库与上游水闸等控制性工程，加强气象水文监测，健全预警系统，编制应急预案，坚持按流域统一管理优化配置水资源。上中下游合理分配，严格控制上游滥垦和过度拦截，确保中下游不断流，现有湖泊水库不干涸。随着降水与融雪增多，可适度扩大开垦，但应量水而行，节水先行。推广膜下滴灌、细流沟灌、波涌灌溉、不充分灌溉等节水灌溉技术。同时，需大水漫灌压碱时，要严格控制次数和水量，一般全年只在秋后一次。

针对东部黄土高原旱作区，由于干旱缺水，需要生态建设先行，要坚持小流域综合治理，陡坡退耕，提高植被覆盖率。通过旱塬园田化、缓坡建梯田和沟谷淤坝地等建成高标准基本农田。推广水窖、沟植垄盖等集雨补灌与耕作、覆盖等保墒技术，调整种植结构，南部基本农田实行小麦、夏玉米、春玉米两年三熟制，北部实行以玉米和杂交谷子为主的一熟制。随气候变暖，改用生育期更长品种，山区和坡地则发展苹果、红枣等。

七　针对农业可持续发展特征，强调适应与减缓对策措施并举

气候变暖将加速土壤有机质分解、化肥挥发。为此，应推广秸秆还田和畜禽粪便堆肥利用。研制推广缓释化肥、化肥丸粒化、适当深施和适时测土配方施肥，以减少养分损失和温室气体排放。

针对气候变化背景下极端天气气候事件和灾害危害的加剧以及农业气候资源变化，应加快建设适应不同气候和极端事件的作物品种资源与基因库，在各大农区建立救灾作物种子库，贮存早熟、特早熟救灾作物种子。

气候变化与农业生产具有明显的区域性，应及时总结现有的适用适应技术，针对未来气候变化情景研究关键适应技术，逐步建立各大农区的区域性农业适应气候变化技术体系。

主要参考文献

Davies P. L. "Aspects of Robust Linear Regression". *The Annals of Statistics*. 1993, 21: 1843–1899.

Lobell D B, Burke M B, Tebaldi C, et al. "Prioritizing climate change adaptation needs for food security in 2030". *Science*, 2008, 319: 607‐610.

Nicholls N, "Increased Australian wheat yield due to recent climate trends". *Nature*, 1997, 387: 484‐485.

Wang H. J. "The weakening of the Asian monsoon circulation after the end of 1970s". *Advances in Atmospheric Sciences*, 2001, 18（3）: 376–386.

Wei F., Zhong M., Lemoine J., Biancale R., Hsu H., Xia J. "Evaluation of groundwater depletion in North China using the Gravity Recovery and Climate Experiment（GRACE）data and ground-based measurements". *Water Resources Research*, 2013, 49（4）: 2110–2118.

陈晓燕、尚可政、王式功等:《近 50 年中国不同强度降水日数时空变化特征》,《干旱区研究》2010 年第 27 期。

崔读昌、曹广才、张文等:《中国小麦气候生态区划》,贵州科技出版社, 1991。

戴新刚、汪萍、丑纪范:《华北汛期降水多尺度特征与夏季风年代际衰变》,《科学通报》2003 年第 48 期。

房世波、谭凯炎、任三学:《夜间增温对冬小麦生长的影响》,《中国农业科学》2010 年第 15 期。

韩湘玲:《农业气候学》,山西科学技术出版社,1999。

黄秉维:《中国综合自然区划的初步草案》,《地理学报》1958 年第 4 期。

黄敏、祝剑真、李旺盛等:《水稻主要病虫不防治对产量的影响》,《江西农业学报》2006 年第 6 期。

江爱良：《论我国热带亚热带气候带的划分》，《地理学报》1960 年第 2 期。

赖欣、范广洲、董一平等：《近 47 年中国夏季日降水变化特征分析》，《长江流域资源与环境》2010 年第 19 期。

林耀明、任鸿遵、于静洁等：《华北平原的水土资源平衡研究》，《自然资源学报》2000 年第 3 期。

刘宝发、孙春来、孟爱中等：《小麦病虫草害自然损失率估计试验》，《现代农业科技》2009 年第 12 期。

刘庚山、郭安红、安顺清等：《帕默尔干旱指标及其应用研究进展》，《自然灾害学报》2004 年第 13 期。

刘巽浩、陈阜：《中国农作制》，中国农业出版社，2005。

刘巽浩、韩湘玲：《中国的多熟种植》，北京农业大学出版社，1987。

刘亚臣、丛斌、韩冰等：《辽宁省春玉米主要病虫为害损失之研究》，《中国农学通报》2006 年第 22 期。

马柱国、符淙斌：《1951~2004 年中国北方干旱化的基本事实》，《科学通报》2006 年第 20 期。

马柱国、符淙斌：《中国干旱和半干旱带的 10 年际演变特征》，《地球物理学报》2005 年第 3 期。

秦欣、刘克、周丽丽等：《华北地区冬小麦—夏玉米轮作节水体系周年水分利用特征》，《中国农业科学》2012 年第 19 期。

丘宝剑：《关于中国热带的北界》，《地理科学》1993 年第 4 期。

曲曼丽：《农业气候实习指导》，北京农业大学出版社，1990。

全国农业区划委员会：《中国农业自然资源与农业区划》，中国农业出版社，1991。

王璞：《农作物概论》，北京农业大学出版社，2004。

魏凤英：《现代气候统计与预测技术》，中国气象出版社，2007。

吴育英、刘小英、朱彩华等：《水稻病虫草综合危害损失评估试验初探》，《上海农业科技》2010 年第 4 期。

徐海莲、曾宜杰、徐善忠等:《水稻病虫危害损失和防治效益评估研究初报》,《植物保护》2010 年第 4 期。

杨镇:《东北玉米》,中国农业出版社,2007。

于静洁、吴凯:《华北地区农业用水的发展历程与展望》,《资源科学》2009 年第 9 期。

张福春:《中国农业物候图集》,科学出版社,1987。

张光辉、刘中培、费宇红等:《华北平原区域水资源特征与作物布局结构适应性研究》,《地球学报》2010 年第 31 期。

张光辉、刘中培、连英立等:《华北平原地下水演化地史特征与时空差异性研究》,《地球学报》2009 年第 6 期。

张强、邹旭凯、肖风劲等:《中华人民共和国国家标准 GB/T 20481-2006:气象干旱等级》,中华人民共和国国家质量监督检验检疫总局、中国国家标准化管理委员会发布,2006。

赵广才、常旭虹、王德梅等:《中国小麦生产发展潜力研究报告》,《作物杂志》2012 年第 3 期。

中华人民共和国农业部:《新中国农业 60 年统计资料》,中国农业出版社,2009。

竺可桢:《中国的亚热带》,《科学通报》1958 年第 17 期。

中国皮书网

www.pishu.cn

发布皮书研创资讯，传播皮书精彩内容
引领皮书出版潮流，打造皮书服务平台

栏目设置：

☐ 资讯：皮书动态、皮书观点、皮书数据、皮书报道、皮书新书发布会、电子期刊

☐ 标准：皮书评价、皮书研究、皮书规范、皮书专家、编撰团队

☐ 服务：最新皮书、皮书书目、重点推荐、在线购书

☐ 链接：皮书数据库、皮书博客、皮书微博、出版社首页、在线书城

☐ 搜索：资讯、图书、研究动态

☐ 互动：皮书论坛

中国皮书网依托皮书系列"权威、前沿、原创"的优质内容资源，通过文字、图片、音频、视频等多种元素，在皮书研创者、使用者之间搭建了一个成果展示、资源共享的互动平台。

自2005年12月正式上线以来，中国皮书网的IP访问量、PV浏览量与日俱增，受到海内外研究者、公务人员、商务人士以及专业读者的广泛关注。

2008年、2011年中国皮书网均在全国新闻出版业网站荣誉评选中获得"最具商业价值网站"称号。

2012年，中国皮书网在全国新闻出版业网站系列荣誉评选中获得"出版业网站百强"称号。

皮书数据库
SSDB
SOCIAL SCIENCE DATABASE
中国社会科学院 社会科学文献出版社

首页 数据库检索 学术情报群 我的文献库 皮书全动态 有奖调查 皮书报道 皮书研究 联系我们 读者帮助 搜索报告

报告 图书

权威报告　热点资讯　海量资源

当代中国与世界发展的高端智库平台

皮书数据库　www.pishu.com.cn

皮书数据库是专业的人文社会科学综合学术资源总库，以大型连续性图书——皮书系列为基础，整合国内外相关资讯构建而成。该数据库包含七大子库，涵盖两百多个主题，囊括了近十几年间中国与世界经济社会发展报告，覆盖经济、社会、政治、文化、教育、国际问题等多个领域。

皮书数据库以篇章为基本单位，方便用户对皮书内容的阅读需求。用户可进行全文检索，也可对文献题目、内容提要、作者名称、作者单位、关键字等基本信息进行检索，还可对检索到的篇章再作二次筛选，进行在线阅读或下载阅读。智能多维度导航，可使用户根据自己熟知的分类标准进行分类导航筛选，使查找和检索更高效、便捷。

权威的研究报告、独特的调研数据、前沿的热点资讯，皮书数据库已发展成为国内最具影响力的关于中国与世界现实问题研究的成果库和资讯库。

皮书俱乐部会员服务指南

1.谁能成为皮书俱乐部成员？

- 皮书作者自动成为俱乐部会员
- 购买了皮书产品（纸质皮书、电子书）的个人用户

2.会员可以享受的增值服务

- 加入皮书俱乐部，免费获赠该纸质图书的电子书
- 免费获赠皮书数据库100元充值卡
- 免费定期获赠皮书电子期刊
- 优先参与各类皮书学术活动
- 优先享受皮书产品的最新优惠

社会科学文献出版社　皮书系列
SOCIAL SCIENCES ACADEMIC PRESS (CHINA)

卡号：**9246813534872297**
密码：

3.如何享受增值服务？

（1）加入皮书俱乐部，获赠该书的电子书

第1步 登录我社官网（www.ssap.com.cn），注册账号；

第2步 登录并进入"会员中心"—"皮书俱乐部"，提交加入皮书俱乐部申请；

第3步 审核通过后，自动进入俱乐部服务环节，填写相关购书信息即可自动兑换相应电子书。

（2）免费获赠皮书数据库100元充值卡

100元充值卡只能在皮书数据库中充值和使用

第1步 刮开附赠充值的涂层（左下）；

第2步 登录皮书数据库网站（www.pishu.com.cn），注册账号；

第3步 登录并进入"会员中心"—"在线充值"—"充值卡充值"，充值成功后即可使用。

4.声明

解释权归社会科学文献出版社所有

皮书俱乐部会员可享受社会科学文献出版社其他相关免费增值服务，有任何疑问，均可与我们联系
联系电话：010-59367227　企业QQ：800045692　邮箱：pishuclub@ssap.cn
欢迎登录社会科学文献出版社官网（www.ssap.com.cn）和中国皮书网（www.pishu.cn）了解更多信息

　　"皮书"起源于十七、十八世纪的英国，主要指官方或社会组织正式发表的重要文件或报告，多以"白皮书"命名。在中国，"皮书"这一概念被社会广泛接受，并被成功运作、发展成为一种全新的出版形态，则源于中国社会科学院社会科学文献出版社。

　　皮书是对中国与世界发展状况和热点问题进行年度监测，以专业的角度、专家的视野和实证研究方法，针对某一领域或区域现状与发展态势展开分析和预测，具备权威性、前沿性、原创性、实证性、时效性等特点的连续性公开出版物，由一系列权威研究报告组成。皮书系列是社会科学文献出版社编辑出版的蓝皮书、绿皮书、黄皮书等的统称。

　　皮书系列的作者以中国社会科学院、著名高校、地方社会科学院的研究人员为主，多为国内一流研究机构的权威专家学者，他们的看法和观点代表了学界对中国与世界的现实和未来最高水平的解读与分析。

　　自20世纪90年代末推出以《经济蓝皮书》为开端的皮书系列以来，社会科学文献出版社至今已累计出版皮书千余部，内容涵盖经济、社会、政法、文化传媒、行业、地方发展、国际形势等领域。皮书系列已成为社会科学文献出版社的著名图书品牌和中国社会科学院的知名学术品牌。

　　皮书系列在数字出版和国际出版方面成就斐然。皮书数据库被评为"2008~2009年度数字出版知名品牌"；《经济蓝皮书》《社会蓝皮书》等十几种皮书每年还由国外知名学术出版机构出版英文版、俄文版、韩文版和日文版，面向全球发行。

　　2011年，皮书系列正式列入"十二五"国家重点出版规划项目；2012年，部分重点皮书列入中国社会科学院承担的国家哲学社会科学创新工程项目；2014年，35种院外皮书使用"中国社会科学院创新工程学术出版项目"标识。

法律声明

"皮书系列"（含蓝皮书、绿皮书、黄皮书）由社会科学文献出版社最早使用并对外推广，现已成为中国图书市场上流行的品牌，是社会科学文献出版社的品牌图书。社会科学文献出版社拥有该系列图书的专有出版权和网络传播权，其 LOGO（▧）与"经济蓝皮书"、"社会蓝皮书"等皮书名称已在中华人民共和国工商行政管理总局商标局登记注册，社会科学文献出版社合法拥有其商标专用权。

未经社会科学文献出版社的授权和许可，任何复制、模仿或以其他方式侵害"皮书系列"和 LOGO（▧）、"经济蓝皮书"、"社会蓝皮书"等皮书名称商标专用权的行为均属于侵权行为，社会科学文献出版社将采取法律手段追究其法律责任，维护合法权益。

欢迎社会各界人士对侵犯社会科学文献出版社上述权利的违法行为进行举报。电话：010-59367121，电子邮箱：fawubu@ssap.cn。

社会科学文献出版社